大学数学の世界 ❷

数理ファイナンス

楠岡成雄／長山いづみ──［著］

東京大学出版会

Mathematical Finance
(Advanced Texts for Undergraduate Mathematics 2)
Shigeo KUSUOKA and Izumi NAGAYAMA
University of Tokyo Press, 2015
ISBN978-4-13-062972-0

はじめに

数理ファイナンスというものを，ファイナンスを数理的に考える科学と解釈するならば，それは 1950 年代の**マーコヴィッツ** (Harry Max Markowitz) らの研究に始まる．しかし今日の数理ファイナンスの急激な発展は，**ブラック** (Fischer Black) と**ショールズ** (Myron Scholes) らによる，ヨーロピアンオプションとよばれる証券の価格決定の理論に端を発する．そして，その中で確率過程論の知識が用いられるようになった．本書では，オプションに代表される**デリバティブ** (derivative) あるいは**派生証券**ともよばれる証券の，価格決定の理論の基本を解説し，なぜそれが確率過程論，とくに確率解析と結びつくかを説明する．

オプションの価格を決めるという問題は，長い歴史をもつ問題であった．オプションなどのデリバティブとよばれるものが何であるかの詳細については本文で説明するが，大雑把にいえば，株式や為替など何らかの証券を原証券として定め，その将来の価格やレートに依存する形で将来の利得額が定義されている契約である．株式や為替などの原証券に対して，そこから派生的に定義される証券であることから，派生証券あるいはデリバティブとよばれる．原証券が何であれ，その将来の値が不確実なので，デリバティブも将来得られる利得の額が不確実であるような契約 (contract) である．

将来の利得が不確実といえば，宝くじを思い出す読者もいるだろう．とくに，1 枚の宝くじがもたらす将来の利得額は，その確率分布がはっきりしているので，期待値を計算することができる．この期待値に比べると，宝くじ 1 枚の販売価格はかなり高く設定されている．それを理由に宝くじは買わない主義の読者もいるかもしれないし，逆に，それでも宝くじを買うのが楽しみという読者もいるだろう．後者であれば，販売価格はけっして高すぎると感じているわけではないはずである．それを，一攫千金を夢見ることができることに対する価値であるという人もいる．すなわち，不確実であることを，ある意味楽しんでいるというわけである．また，仮にすべてのくじを買い占めたとすると，購入金額が賞金合計金額を上回ることから，損が確定する．そ

のことから，まとめ買いする場合の価値はくじの枚数に比例するのはおかしいと考える人もいるだろう．このように，宝くじに対する貨幣価値尺度での評価はさまざまであり，それぞれの人が，自分の価値観に基づいてこの不確実性（あるいは分布の形といってもよいであろう）に評価を下し，それが宝くじの販売価格に比べて高いか低いかで，買うか買わないかを決めているとも解釈できる．宝くじは，各くじのもたらす利得の分布はすべて同じであるが，その不確実な利得額自体は，確率変数としては券毎にすべて異なる．この構造は，生命保険などの保険契約と似ている．つまり，保険契約者の受けとり金である保険金の分布を決定づける死亡率，すなわち何歳で死亡する確率がどの程度であるかは，健康状態がほぼ同様であれば契約者によらずほぼ同様であろうと考えて，同額の保険契約料としているが，実際の死亡年齢自体は人それぞれ別々なので，保険金をいつ受けとるかあるいは受けとらないかということは（確率変数としては）個々人すべて異なる．保険契約の妥当な価格すなわち保険料をどう設定すべきかという問題は，保険数理とよばれる分野の問題であり，これについては本書では扱わず別の機会に譲ることとする．

　デリバティブと宝くじとの決定的な違いは，基となる原証券が市場で大量に取引されていることである．つまり，デリバティブがもたらす将来の利得額に直接的に（言い換えると確率変数レベルで）関与する証券を，市場で取引することが可能である．デリバティブの価格付けの根拠となる考え方は，この市場を利用して，基となる証券を売り買いすること（売買戦略）によって，デリバティブの将来の利得額と確率変数としてまったく同額の利得をつくり出そうというものである．このような戦略はデリバティブの複製戦略などともよばれている．そしてもしこの複製戦略が存在するのであれば，第1章で述べる「無裁定」という考え方が根拠となり，このデリバティブの価格は複製戦略を実行するために必要な初期投資額に一致すべきであるという説明がなされる．

　ファイナンスで現実に直面する問題では，このような複製戦略が存在しないことも多い．昨今では，原証券に相当するものとして，たとえば気温など市場では取引されない指標が使われるデリバティブも取引されている．これらの場合には，価格を一意に導くための決定的なファイナンスの理論はいまのところなく，ある意味保険数理的アイデアと融合させるなどのことが必要となる．

また，本書で述べる価格付けの前提としては，将来実現する利得額がいくらかを知らないのは当然としても，確率変数の数学的構造自体は知っていることが暗に仮定されている．現実には，これを仮定することには無理があるといわざるを得ず，何らかの前提を置いて確率モデルを想定することになる．しかし，どんな確率モデルを想定するかによって，デリバティブの複製戦略が存在するか否かも違ってくる．さらに，複製戦略が存在するとしてもそれがどのような戦略であるかはモデルの内容に依存するので，結果として得られるデリバティブ価格の値も異なる．想定するモデルは，原証券価格の挙動をよく表現できていることが望ましいが，それだけではなく，デリバティブが普及した昨今では，デリバティブ市場におけるデリバティブの売買価格と整合することも求められる．したがって，どんなモデルを選択すべきかは，永遠の大問題といっても過言ではないであろう．

　本書の目的は，数理ファイナンスの理論を学ぶことであると同時に，それを学ぶことによって理論の限界を知ることでもある．まず第 1 章では，デリバティブが何であるか，およびデリバティブの価格付けの根拠となる考え方とアイデアを概観することを目的として，最初に市場で取引されている主な証券を紹介した後，無裁定の考え方を述べ，簡単な例を使ってデリバティブの価格を導くアイデアを解説する．第 2 章では，第 1 章の 1.3, 1.4 節で述べた例を一般化する形で，離散時間モデルを解説する．起こりうる事象の数も時間も有限とする単純な確率空間の上で証券の配当や価格を確率過程として設定し，ポートフォリオ戦略について説明する．そのうえで，ファイナンスでもっとも重要な概念である無裁定を定義し，モデルが無裁定となるための必要十分条件を証明する（ファイナンスの第 1 基本定理）．また，モデルが完備であることと同値な条件を示す（ファイナンスの第 2 基本定理）．具体的なモデルの例として，二項モデルについても述べる．第 3 章では，第 2 章で論じた離散時間モデルにおいて，無裁定および完備であることを仮定して，デリバティブ価格がどのように評価されるかを述べる．アメリカンデリバティブの価格決定の問題についても示す．また，第 2 章で扱った株式の二項モデルを用いたヨーロピアンオプションの価格評価を行う．第 4 章では，第 2 章で述べた無裁定な離散時間モデルで，完備性を仮定しない場合のデリバティブ価格について論じる．なお，第 2 章から第 4 章で必要となる離散確率論の基礎的内容は巻末に付録 B として載せた．第 5 章では，連続時間の枠組みで

デリバティブの価格付けを述べる．この枠組みでは，起こりうる状態も無限通りあり，またポートフォリオの組替え頻度も無限に多くすることができる想定となることから，厳密に論じようとすると非常に難解な問題に直面してしまう．本書では，そのような難解な点には深入りせず，基本的な考え方の本筋を述べることを主眼とする．章の前半で紹介するブラック–ショールズのモデルは，ジャンプのない連続過程のモデルである．難解となる厳密な議論は適宜避け，巻末の付録 C に載せた確率解析の基礎的内容の範疇で理解できるように心がけた．後半ではジャンプも含む一般の連続時間モデルを述べるが，一般の確率解析についての知識を必要とするので，適宜読み飛ばしてもかまわない．

　本書は，当初その原型が，アメリカンファミリー生命保険株式会社の後援を受けて 1996 年 11 月に東京大学で行った連続講義「数理ファイナンス入門（離散時間モデルを中心として）」のテキストとしてつくられ，その後，東京大学大学院数理科学研究科において行われてきた数理ファイナンスの講義を通して，内容が毎年更新することにより完成することができた．きっかけを与えてくださったアメリカンファミリー生命保険株式会社に対し，この場を借りてお礼を申し上げる．また完成を根気よく待ち続けていただいた東京大学出版会の丹内利香さんにもお礼を申し上げたい．

2014 年 11 月

著者

目次

はじめに ………………………………………………………… iii

第1章　金融取引とデリバティブ ………………………………… 1
- 1.1　金融市場 ………………………………………………… 1
- 1.2　無裁定の考え方 ………………………………………… 12
- 1.3　単純な1期間モデル …………………………………… 17
- 1.4　一般化（多期間モデル） ……………………………… 20

第2章　離散時間モデル …………………………………………… 24
- 2.1　モデルの説明 …………………………………………… 24
- 2.2　ファイナンスの考え方と基本定理 …………………… 27
- 2.3　二項モデルを使った例 ………………………………… 33
  - 2.3.1　株式と割引債の二項モデル ……………………… 34
  - 2.3.2　Ho-Lee モデル …………………………………… 43
- 2.4　無裁定と状態価格デフレーター ……………………… 46
- 2.5　無裁定と EMM …………………………………………… 50
- 2.6　モデルの完備性 ………………………………………… 55

第3章　デリバティブの価格付け（完備な場合） ……………… 60
- 3.1　ヨーロピアンデリバティブの価格 …………………… 60
- 3.2　アメリカンデリバティブの価格 ……………………… 64
- 3.3　先物価格 ………………………………………………… 72
  - 3.3.1　先渡し価格 ………………………………………… 72
  - 3.3.2　先物価格 …………………………………………… 73
- 3.4　株式の二項モデルによるオプション価格（2.3節の続き） …… 77

第 4 章　デリバティブの価格付け（完備でない場合） 81
- 4.1　ヨーロピアンデリバティブの優複製費用 81
- 4.2　アメリカンデリバティブの優複製費用 86
- 4.3　EMM の構造と Kramkov の定理 88
- 4.4　定理 4.2.3 の証明 94
- 4.5　株式と割引債の三項モデル（非完備モデルの簡単な例） 97
  - 4.5.1　モデル 98
  - 4.5.2　EMM の構造 100
  - 4.5.3　コールオプションの価格付け 102
  - 4.5.4　デリバティブ取引の追加とモデルの完備化 104
- 4.6　複雑なデリバティブについて 106

第 5 章　連続時間モデル 115
- 5.1　ブラック–ショールズモデル 115
  - 5.1.1　モデルの設定とデリバティブ価格 115
  - 5.1.2　デルタヘッジ 125
  - 5.1.3　ブラック–ショールズモデルの実務への応用 126
- 5.2　モデルの検討 135
- 5.3　モデルの設定 139
- 5.4　証券 0 がニュメレールである場合 141
- 5.5　ヨーロピアンデリバティブ，アメリカンデリバティブ 146

付録 A　凸解析 149
- A.1　m 次元ユークリッド空間 149
- A.2　凸集合の分離定理 150

付録 B　離散確率論の基礎 155
- B.1　確率論の現代的取扱い 155
  - B.1.1　確率論の基礎概念 155
  - B.1.2　情報の表現，部分加法族 157
  - B.1.3　条件付き確率，条件付き期待値 158
- B.2　マルチンゲール 162

B.3 停止時刻 ··· 163
B.4 停止時刻までの情報 ·· 164
B.5 マルチンゲールと停止時刻 ·· 165

付録 C 確率解析の基礎 ··· 167

参考文献 ·· 179

索引 ·· 181

第 1 章　金融取引とデリバティブ

　本書の主題である「デリバティブの価格を決める問題」の意味を知るために，本章ではまず，金融取引にはどのようなものがあるかを紹介し，また簡単なデリバティブの列を述べる．次に，ごく簡単なオプションの例を使って，価格の考え方を述べる．

1.1　金融市場

　資金の運用（または調達）のための取引が行われる場を**金融市場**という．
　市場の取引形態には，取引所取引と，相対取引とがある．いずれも，取引価格は市場の需給で決まり，時々刻々変化する．
　取引所取引は，東京証券取引所，大阪証券取引所などの具体的な場所で行われる取引である．取引所が契約の履行に責任をもつため，取引の当事者には，契約不履行を被るリスクがない．したがって，実際の契約相手が誰であるかを特段明らかにする必要がない．
　それに対して，**店頭取引**あるいは**相対取引**とよばれる取引形態は，電話やインターネットを通信手段として，取引相手と直接，あるいは仲介者を介して取引するというものである．この場合，証券の取引相手の信用リスク，すなわち，契約不履行となるリスクがともなう．このため，契約相手が誰であるかがわかった上での取引となる．
　金融市場は，資金の運用（調達）の期間の長さが 1 年より短いか長いかで，大きく 2 つに区分けされている．運用（調達）期間 1 年未満の市場を**短期金融市場（マネーマーケット）**と称し，さらに，取引参加者が金融機関に限られている**インターバンク市場**と，一般の事業法人も参加する**オープン市場**とに分けられる．一方，期間 1 年以上の市場は**長期金融市場（資本市場）**とよ

ばれる．

　以下で，実際に金融市場で行われる預貸契約や，売買されている代表的な証券，およびそれらの価格から算出される指数，さらにはデリバティブの代表的なものをいくつか紹介しよう．

短期資金の運用（調達）

　上記の通り，短期（1 年未満）の資金の運用（調達）を行う市場はマネーマーケットとよばれる．それらの契約では，あらかじめ決められた期間資金を運用すれば，あらかじめ決められた利息と投資元本がその期間の満了時に戻ってくる．逆に調達する側は，調達元本にあらかじめ決められた利息を加えて返却する．この利息の元本に対する比率は**金利**とよばれ，通常は単利で年率に換算して表される．すなわち，1 円を t 年間運用（調達）したときの利息が a 円であるとき，$1 + rt = 1 + a$ を満たす r が，単利で年率表示した金利の値となる．

　一般には，市場での金利水準は，その運用調達の期間の長さによって異なる．横軸を金利期間，縦軸を金利の値として描かれたグラフを**イールドカーブ** (yield curve) とよんでいる．図 1.1 は，イールドカーブの例である．通常は，右上がりの曲線になることが多いが，右下がりのグラフになることもある．

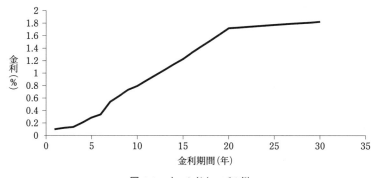

図 1.1　イールドカーブの例

　実際には短期金利といっても，1 日とか 1 週間のように，金利期間には長さがあるが，ファイナンスの理論ではしばしば，モデルの立てやすさや計算上の利便性から，金利期間を限りなく 0 に近づけたときの金利を仮想的に想

定し，瞬間的な金利などとよんでいる．これは，イールドカーブが期間 0 のところで右連続になっていることを仮定し，その右極限を瞬間的な金利とよんでいることを意味する．

短期の運用を元利共再投資する形でくり返す形態でいつでも購入換金が自由に行えるファンドを，**マネーマーケットアカウント** (money market account) という．たとえば，$t(<1)$ 年を 1 期間として，元本 1 円をマネーマーケットアカウントに投資するとしよう．もしも金利 r が不変である世界を想定するならば，n 期間後には $(1+tr)^n$ 円となる．ファイナンスでは，この例の場合，現時点での 1 円と n 期間後の $(1+tr)^n$ 円とは等価であると考える．同じ比により，n 期間後の 1 円と現時点の $(1+tr)^{-n}$ 円とが等価ともいえる．このことを，「n 期間後の 1 円の現在価値は $(1+tr)^{-n}$ 円である」ともいう．n 期間後の金額が同じなら，金利が高いほど現在価値は低いことになる．

運用期間 T 年を t の整数倍とすると，金利 r が不変の世界では，T 年後には $(1+tr)^{\frac{T}{t}}$ 円となる．この 1 期間の長さ t を限りなく 0 に近づけると，$(1+tr)^{\frac{T}{t}}$ は $\exp(rT)$ に収れんする．これを，瞬間的な金利で連続的に運用するマネーマーケットアカウントと解釈し，ファイナンスの理論ではしばしば，このようなファンドが存在すると想定する．時刻 s における瞬間的な金利 $r(s)$ が s に依存して変化する場合，時刻 0 に 1 円をマネーマーケットアカウントに投資すれば，T 年後には，$\exp\left\{\int_0^T r(s)ds\right\}$ 円となる．

マネーマーケットでの個々の取引は相対であるが，市場全体の実勢を示す指標として，**LIBOR** とよばれる指数がある．LIBOR とは，London Interbank Offered Rate の頭文字をとったもので，ロンドン市場での銀行間の直接取引による資金調達において，資金供給側から提示される金利水準を表す指標であり，いくつかの指定された有力銀行に関するそれらの値を参照して，所定のルールに則って算出されている．それらは，各通貨別に，また 1，2，3，6，12 カ月などの期間別に，1 日に 1 回発表される．一般に，資金供給の際には貸倒リスクを考慮して金利を提示されることから，この指標は，集計の基となる値を提示している銀行の信用力にも依存している．

同様の指標は東京市場においても発表されており，TIBOR とよばれている．

一般の事業法人への短期貸出も相対取引であり，その際の金利は，貸出期間に対応したこれらの指標値を基準に，その法人の信用力に応じた調整が加え

られることになる．たとえば，LIBORの値を算出する際の基となった有力銀行の平均的信用力に比べ，その事業法人の信用力の方が低い場合は，LIBORにプラスの上乗せをした値を金利として適用する．この上乗せ幅は**スプレッド** (spread) とよばれる．

長期金利と金利スワップ

1年以上の中長期にわたって一定額の資金調達を必要とする事業法人への貸出契約には，貸出期間中のスプレッドを一定値とした上で短期貸出をくり返すという方法と，定期的に一定率の利息を受けとる形で一定期間預貸するという方法とがある．前者は，各短期間における適用金利はその金利期間の始まりの時点での金利指標にスプレッドを加えた値として決定されるため，一般には毎期異なる金利となることから**変動金利**による貸出とよばれる．後者は，毎回一定の利率であることから，**固定金利**による貸出とよばれる．

このような中長期間の運用（調達）を行っている場合に，金利の形態を固定金利から変動金利に，あるいは，変動金利から固定金利に変更したいというニーズがある．そのために，元本交換は行わず，固定金利利息と変動金利利息を交換する契約形態が普及している．これは，**金利スワップ** (interest rate swap) 取引とよばれている．

たとえば，LIBOR＋スプレッドの形での変動金利で銀行から資金を借入れている事業法人が，実質的に固定金利調達に変えたい場合は，図1.2のように毎回のLIBOR金利を受けとり固定金利を支払う金利スワップ契約を結ぶことにより，実質的に固定金利調達にすることができる．

たとえば，現時点から10年間半年毎に毎期の6カ月LIBORと固定金利を

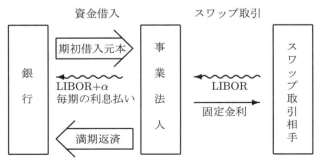

図 **1.2** 金利スワップの利用

交換するスワップ契約を結びたいとき，この変動金利側の一連の利息の受払いと固定金利側の一連の利息の受払いとが全体として等価となるような固定金利の値のことを，半年払いの 10 年の**スワップレート** (swap rate) という．大手の銀行などでは，倒産など信用リスクがない取引相手を想定した場合のスワップレートを，スワップの期間毎に提示している．これは，長期間の金利水準を表すものである．個別の金利スワップ契約は相対取引であり，取引相手の信用リスクの水準に応じて固定金利側の金利水準が決定される．

株式

株式会社が資金調達のために発行する証券が**株式** (stock) で，これを保有する者は，株主総会での**議決権**が与えられるとともに，企業利益の一部を**配当**として受けとることができる．一方，その会社が倒産すれば，株式は無価値となる．上場企業の株式は取引所取引で売買されるが，非上場企業の株式は相対取引となる．

配当が行われた直後の株を保有しても，もはや当該配当を受けとることはできない．したがって，配当直前に比べて直後の株価は，1 株当たりの配当額相当の金額分だけ値下がりするはずである．これを**配当落ち**という．株価は市場の需給で決まるが，配当落ち以外にも，その企業の業績見通しの変化や景気変動などの影響を受けて変化すると考えられる．

東京証券取引所の 1 部上場企業の数は，平成 26 (2014) 年 4 月末時点では 1815 社である．

日経平均株価指数

日経平均株価指数は日経 225 ともよばれ，東京証券取引所 1 部上場の企業のうち，流動性の高い銘柄を中心に選ばれた 225 社の株価を基に算出された数値で，日本経済の好不調を示す指標の 1 つである．実際の指標値算出方法は，単純な平均値ではなく，指標としての連続性を維持するために修正が加えられる．すなわち，配当落ちによる株価の下落は，経済の好不調とは関係のない値動きと考えられることから，配当落ち分を修正した株価が用いられる．また，銘柄の入れ替えが起こった際も，連続性を維持するための調整が加わる．

現在の算出方法による計算を開始したのが 1950 年 9 月 7 日で，1985 年 5 月に日経平均株価と名称が変更された．2014 年 5 月までの間でいえば，計算

開始以来の最高値は1989年12月29日の38915.87円（終値）であり，バブル経済崩壊以降の最安値は2008年10月28日の6994.90円（終値）である．

為替

日本の通貨は円であるが，国によって通貨は異なる．**為替レート**とは，異なる通貨間の換算レート，すなわち，ある通貨1単位当たりの別の通貨による価格のことである．

たとえば，円／ドルの為替レートは，「1ドル何円」という形で表現されるのが通常である．円高とは，円の価値が高くなり，1ドル当たりの円による価格が低い状態をさす．

国債，地方債

国債は，国が発行する債券のことで，借金証書のような意味合いの証券である．

割引国債は，満期に額面が償還される以外は途中の利子払いなどはなく，発行時には額面を下回る価格で発行されるものである．日本では，満期が6カ月，1年と比較的短期のものが発行されている．

利付国債とよばれるものは，満期に償還される額面以外に，通常は半年に1度の利息（**クーポン**）の支払いが行われるものである．この1年分の利息の，元本に対する割合を利率（**クーポンレート**）という．利息は，発行時に決められた利率に基づく固定利付型と，将来の市場金利動向によって利率が変化する変動利付型とがある．日本の財務省ウェブサイトによれば，固定利付債には，満期が2，5，10，20，30，40年の固定利付国債および5年固定型個人向け国債があり，変動利付債には，満期が15年の変動利付国債および10年変動型個人向け国債，そのほか元本が変動する満期が10年の物価連動国債などがある．現在，国債は証券取引所に上場されているが，そこで実際に売買される量はわずかで，ほとんどは，証券会社の店頭取引となっている．国債への投資家は，満期までもち切る以外に，満期前に市場で売却することも可能である．割引債や固定利付債は将来支払われるクーポン金額が確定しており，債券価格はそれらの一連の確定クーポンと額面の現在価値に相当することから，金利が上がれば債券価格が下がり，金利が下がれば債券価格は上がるという関係にある．

従来，国債のほとんどは，金融機関がその保有者となってきた．近年，国

債保有者のすそ野を広げる目的で，個人向け国債が発行されている．通常の国債は額面1億円を単位として発行されるのに対し，個人向け国債は，個人投資家が購入しやすいように1万円からの購入を可能としている．

地方債は，地方自治体が発行する債券のことである．

社債

企業が発行する債券が**社債**である．株式とは違い，一定金額（額面）の借金証書のような意味合いである．満期が決まっており，満期には額面が償還される．満期までの期間中に定期的にクーポン支払いがあるもの（利付債）と，ないもの（割引債）がある．また，満期前に社債発行側が元本を償還し取引終了とする権利（期限前償還権）がついているものもある．

倒産するなど発行企業に返済能力がなくなると，債券は不履行となるが，倒産したからといってまったく無価値になるとは限らず，その企業に残った有形無形の資産を清算するなどして得られた資金のなかから一部返済される．そのため社債は株と違い，倒産後も価値を有し，倒産後も取引されることがある．

先物，先渡し

先渡し (forward) の買い（売り）契約とは，株などのあらかじめ指定された有価証券（原証券）を将来の決められた期日（満期）に，あらかじめ決められた価格（受渡し価格）で買う（売る）ことを約束するという契約のことである．契約を交わした以上は，約束通り買う（売る）義務がある．受渡し価格を低く設定しすぎると買い契約側に有利となり，高く設定しすぎると売り契約側に有利となる．契約当事者双方にとって有利不利がないような受渡し価格のことを，**先渡し価格**という．先渡し契約は，契約締結から満期直前までの間は現金の受払いはなく，満期にのみ決済のための受払いが行われる．したがって，先渡しの受渡し価格とその時々の株価の乖離が大きくなれば，含み益あるいは含み損が大きくなる．

この契約相手の契約不履行リスクを避けるために考え出されたのが**先物** (future) 契約である．あらかじめ指定された有価証券（原証券）の将来の決められた期日（満期）における価格というような意味合いに近い値として，先物価格とよばれる値がそのときそのときの市場の需給によって決まる．満期における先物価格はその時点の原証券の市場価格で定義される．先物買い契

約時には現金の受渡しはないが，その後に先物価格が下がれば値下がり分の現金を支払い，値上がりすれば値上がり分の金額を受けとる．これを**値洗い**という．さらに時間が経過し先物価格が変化すれば直前の値洗い時点からの変化額分を値洗いとして受渡す．この先物価格の値上がり（値下がり）に応じて頻繁に値洗いを行い，満期に最後の値洗いを行って契約が終了する．

オプション

前項の先渡し契約では，期日には必ず売買を実行する義務がある．たとえば，先渡しの買い契約を結んだ側の立場で考えてみよう．もし期日における市場価格が，先渡し契約で決めた売買価格より高くなったとすると，市場価格より安い値段で買うことになるので，この意味で，先渡し契約によって益を得たことになる．そして，期日の市場価格が高ければ高いほど，この益は大きくなる．逆に，期日における市場価格が先渡し契約の価格より安くなったとすると，市場価格より高い値段で買うこととなり，この意味で，先渡し契約によって損をしたことになる．そこで，市場価格の値上がり益を受けつつ，値下がり損を限定的にするように考え出されたのが**オプション** (option) とよばれる金融商品である．

「ある特定の有価証券（原証券）を約束した量だけ約束した価格で買う権利」を与えるという契約のことを，**コールオプション** (call option) という．同様に，売る権利を与えるという契約を**プットオプション** (put option) という．また，約束した価格のことを**行使価格** (exercise price)，契約が終了する期日のことを**満期日** (maturity) という．ここで重要なことは，これは権利であって，行使する義務はないということである．

権利行使できるのが満期日に限られている契約形態のものを，**ヨーロピアン** (European) という．満期までならいつでも権利行使でき，行使すればそれで契約終了となる契約形態を**アメリカン** (American) という（くわしくは，第 3 章参照）．そして，アメリカンのようにいつでも行使できるわけではないが，権利行使してもよい日が満期までに何回かあるという形態のものを**バミューダン** (Bermudan) という．アメリカンもバミューダンも，いつ権利行使するかはオプションを買った人が決めるが，オプションを売った人には行使する瞬間に告げればよい．つまり，どういう場合に行使するかなどをあらかじめ事前に申し出ておくなどの義務はない．

コールとプットの権利行使時におけるペイオフ関数（利得）を，横軸にその時点の原証券価格，縦軸に利得金額としてグラフで表すと，図 1.3 のようになる．

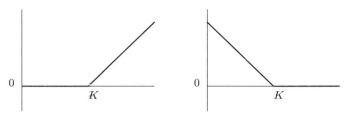

図 1.3 コール（左）とプット（右）のペイオフ関数

この契約自体は，権利を有する側がそれに対する義務を負う側より有利である．そこでこの契約を成立させるには，この有利不利を埋め合わせするだけの金額を，権利を有する側が義務を負う側に支払わなければならない．この埋め合わせ代金のことを**プレミアム** (premium) という．通常，このプレミアムは契約時に受渡しされ，プレミアムと引き換えに権利を得るという意味で，オプションを買うといういい方をされる．また，プレミアムは**オプション価格**ともよばれる．**適正なオプションプレミアムはどうやって求められるか？** これが，本書の主題である．オプションの価格を決めるという問題は長い歴史をもつ問題であった．

この権利を有する人，すなわちオプションを買った人を**ホルダー** (holder) あるいは**バイヤー** (buyer) とよび，逆に義務を負う側，すなわちオプションを売った人を**ライター** (writer) あるいは**セラー** (seller) などとよぶ．

プレミアム評価時点での原資産価格と行使価格が一致しているオプションは，**アットザマネーオプション** (at the money option) とよばれることがある[1]．そして，アットザマネーより低い行使価格をもつコールや高い行使価

---

1) 実は，実務上の利便性から，アットザマネーの定義にはいくつか種類がある．たとえば，オプションと同じ満期の先渡し価格とオプション行使価格とが一致しているものをアットザマネーフォワードとよぶこともある．また，ブラック–ショールズモデルとよばれる，実務でもっとも普及しているモデルがあり，そのモデルのもとでのオプション評価式を評価時点の原資産価格で微分した微分係数はデルタとよばれている．同一の行使価格をもつコールとプットをみたとき，このデルタ値が一致するような行使価格のオプションをアットザマネーとよぶこともある．

格をもつプットは，**インザマネー** (in the money) とよばれる．逆に，アットザマネーより高い行使価格をもつコールや低い行使価格をもつプットは，**アウトオブザマネー** (out of the money) とよばれる．

簡単な例

ある企業 A 社が，1 カ月後に米国から，100 万ドル分の原料を輸入する予定であるとしよう．現在の為替レートは 100 円／ドルであるが，1 カ月後のレートはわからない．もし円高になり 1 ドルが安くなれば，輸入のための円でのコストは少なくてすむ．逆にもし円安になり 1 ドルが高くなれば，コストがかさむ．A 社の担当者は，1 カ月後に 1 ドル 100 円より円安になることを恐れている．そこで次のオプションを考える．

- 先渡し契約：1 カ月後に 1 ドル 100 円で 100 万ドル購入することを約束する．

$$\downarrow$$

1 カ月後，円高になっていても，100 円で買わなければならない．

- 行使価格 100 円の，ドルコール円プットオプションを 100 万ドル分購入する．
（1 ドル 100 円で 100 万ドル分購入する権利．権利は放棄できる）

$$\downarrow$$

1 カ月後の為替レートを X とする．

$X \geqq 100$ 円のとき，オプションを行使．

市場価格 X 円で買うのに比べ，$(X - 100) \times 100$ 万円得（円安リスクが回避される）．

$X \leqq 100$ 円のとき，オプションを放棄し，市場価格 X 円で購入（円高利益を享受できる）．

上記のオプションは，原資産の値上がりや値下がりがもたらす損失リスクに対する保険の役割として利用されることが多い．一般に，オプションがもたらす利得が大きいほどプレミアムは高くなる傾向にある．上で述べたコール，プットは，保険目的で購入する投資家にとって，安いとはいえないことがしばしばである．そこで，プレミアムが高いと感じる投資家のために，満期のペイオフを工夫してプレミアムの低いさまざまな商品が売り出されている．

簡単な例としては，ノッチオプション (notch option) とよばれる，図 1.4 の

ようなペイオフのオプションがある．これは，原資産が K_1 以下になるリスクを回避する一方，K_2 以上になる値上がり益をあきらめることになる．このプレミアムは，K_1 を行使価格とする単純なコールオプションのプレミアム以下となる．

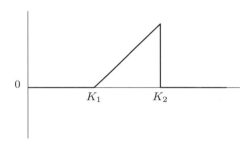

図 1.4　ノッチオプションのペイオフ関数

　実務では，さらに複雑なオプションが多数開発されている．それらの複雑なオプションは，しばしば**エキゾチック** (exotic) オプションとよばれ，それと区別するために，上記の単純なコール，プットオプションはしばしば**プレーンバニラ** (plane vanilla) オプションとよばれる．

　先渡し契約，先物契約やオプションのように，将来の受払い額が何らかの原証券の市場価格（場合によっては市場金利などの経済指標）に依存する形で定義されている契約は，原証券に対応して派生的な商品という意味で**デリバティブ** (derivative) とよばれる．

　デリバティブは，それ単体で売買されることもあるが，複数のデリバティブや原証券を組合せて売買される場合もある．とくに，社債に複雑な金利デリバティブを付加したものを**仕組み債**という．社債への投資家が金利リスクを負う代わりに，見かけ上の債券の利回りがよくなっているというものが多い．

CDS

　相対契約を結ぶときは，将来相手が必ずそれを履行してくれると信用して結ぶわけであるが，実際には，契約相手が（経済的理由で）契約履行能力を失い，不履行となる可能性もある．このように，契約不履行となることを**デフォルト** (default) という．ある特定の企業あるいは契約（参照資産）がデフォルトを起こしたときに，あらかじめ決められた方式によって決定される金額を

受けとる一方，それまでの間は定期的にプレミアムを支払うという形体の取引を **CDS** (Credit Default Swap) という．

1.2　無裁定の考え方

今日ファイナンスの理論においては，「**無裁定** (no arbitrage)」という概念から多くの結論を導き出すことが多い．この考え方は，本質的にはブラック－ショールズのオプション価格決定理論の中で初めて現れた．大雑把にいえば，初期投資額が 0 あるいはそれ以下で，リスク（損をする可能性）なしに利益を上げる可能性があることを裁定機会があるといい，市場で実行可能ないかなる売買戦略も裁定機会をもち得ないとき，市場は無裁定であるという．たとえば通常の（金利が正の）預金は，満期に確実に利息という正の利益を受けとるが，初期投資として預金元本が必要であり，裁定機会にはあたらない．

まず，この無裁定という概念から説明されるいくつかの簡単な結論を例にあげて説明しよう．

例 1.2.1　将来の時刻 T に金額 X_T を受けとる証券 X が価格 x_0 で，同じく時刻 T に金額 Y_T を受けとる証券 Y が価格 y_0 で，それぞれ現時点において売買可能であるとする．このとき，無裁定であれば次が成り立つ．
(1) 確率 1 で $X_T \leqq Y_T$ ならば，$x_0 \leqq y_0$ である．
(2) 確率 1 で $X_T \leqq Y_T$ かつ，正の確率で $X_T < Y_T$ ならば，$x_0 < y_0$ である．

（説明）

(1) もし $x_0 > y_0$ であると仮定すると，時刻 0 で証券 Y を買い，証券 X を売って，その後は満期 T まで何も売買しない戦略が裁定機会をもつ．なぜなら，この戦略を実行すると，時刻 0 では金額 $x_0 - y_0 > 0$ を受けとり，その後は途中で正の支払いが発生することなく，満期 T でも差引で $Y_T - X_T \geqq 0$ を受けとることができるからである．これは無裁定の仮定に反することから，$x_0 \leqq y_0$ が結論づけられる．

(2) もし $x_0 \geqq y_0$ であると仮定すると，時刻 0 で証券 Y を買い，証券 X を売って，その後は満期 T まで何も売買しない戦略が裁定機会をもつ．すなわち，初期投資額は $y_0 - x_0 \leqq 0$ であり，満期 T での利益 $Y_T - X_T$ が負となる確率は 0 でかつ真に正となる確率が 0 ではない．これは無裁定の仮定に反す

ることから，$x_0 < y_0$ が結論づけられる．

例 1.2.2　貨幣が存在するとして，貨幣を安全に保管するためのコストがかからないとすると，金利は 0 以上である．

(説明)
　仮に金利が負であったとする．金利が負ということは，資金を調達した場合，満期にそれを返済する際，相手から利息がもらえる状況を意味する．このとき，調達した資金をそのまま，貨幣の形で満期まで保有し，満期における元本返済に充てる，という戦略が裁定機会をもつ．

例 1.2.3　簡単な例として，次のような設定でオプションを考えよう．
　現在 (0 期) の原資産価格を 106 円とし，1 期間後の原資産価格 X 円は確率変数で，$X = 112$ 円となる確率を $p > 0$，$X = 100$ 円となる確率を $q = 1-p > 0$ とする．ここでは，簡単のため，金利は考えないことにする．これを図で示したのが図 1.5 である．この設定のもとで，1 期間後を満期とする行使価格 106 円のプレーンバニラコールの価格はいくらとするのが妥当であろうか．

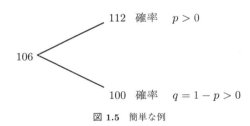

図 1.5　簡単な例

　数学においては可能性を根元事象に還元する．いま，ω_1, ω_2 を根元事象とし，ω_1 のときの第 1 期の株価は $X(\omega_1) = 112$ 円，ω_2 のときの第 1 期の株価は $X(\omega_2) = 100$ 円であると考える．そして，現実の起こりやすさでは，ω_1 が起こる確率が p，ω_2 が起こる確率が $1-p$ であると考える．

　ここで，現時点で次のことを行うことを想定しよう．まず，現時点で初期資金として x 円あるとして，それ以外に y 円借金し，合計 $(x+y)$ 円で原資産を z 単位購入するとする ($106z = x+y$)．
　そして 1 期間後，借りていた y 円を返済し，保有している z 単位の原資産

をすべて現金に換える．このとき，1 期間後の所持金は，$zX - y$ 円となる．

X としてとり得る値は 100 と 112 の 2 通りであるが，そのどちらが実現する場合も，1 期間後の所持金 $zX - y$ 円がオプションのペイオフと一致するように，y, z を決めよう．そのためには，次を満たせばよい．

$$112z - y = (112 - 106)^+ = 6,$$
$$100z - y = (100 - 106)^+ = 0.$$

ここで，実数 a に対し，$a^+ = \max\{a, 0\}$ と定義する．この連立方程式を z と y について解くと $z = 0.5$，$y = 50$ となり，$x = 106z - y = 3$ を得る．すなわち，当初所持金 3 円あれば，オプションと同じペイオフを確率 1 でつくることができる．

さて，もしこのオプションが 3 円より高い価格で売ることができるなら，オプションを売ったお金のうち 3 円だけを使って（正の金額が余る）上記戦略と同じことを行えば，1 期間後には，上記所持金とオプションペイオフとが確率 1 で相殺されるため，当初余ったお金だけが利益となる．これはリスクなしで利益を得ることになるので，裁定機会のある戦略となる．逆に，もしこのオプションが 3 円より安い価格で買えるなら，オプションを買って上記戦略の売り買いを逆にした戦略を実行すれば，同様にして確率 1 で利益を得る．そのようなうまい話があるわけはないから，適正なオプション価格は 3 円であるということになる．これが「裁定機会はない」というものの考え方である．

最後に，コールオプション，プットオプションの価格について，原証券価格の確率モデルによらず，無裁定の仮定だけから説明できる，基本的な性質をいくつか紹介しよう．

配当のない証券を原資産とするオプションの現時点での価格を考えよう．$S = \{S_t\}_t$ を原資産の価格過程とし，行使価格 K，満期を T_0 とするとき，$C^E(S, K, T_0)$ をヨーロピアンコールオプション，$C^A(S, K, T_0)$ をアメリカンコールオプション，$P^E(S, K, T_0)$ をヨーロピアンプットオプション，$P^A(S, K, T_0)$ をアメリカンプットオプションのそれぞれ時刻 0 での価格とする．

性質 1（同一証券複数枚に対するオプション）

任意の定数 $a > 0$ に対して，

$$C^E(aS, aK, T_0) = aC^E(S, K, T_0),$$
$$C^A(aS, aK, T_0) \leqq aC^A(S, K, T_0),$$
$$P^E(aS, aK, T_0) = aP^E(S, K, T_0),$$
$$P^A(aS, aK, T_0) \leqq aP^A(S, K, T_0).$$

（説明）

右辺は証券 1 枚に対する行使価格 K のオプション a 枚分であり，左辺は証券 a 枚をまとめて aK で買う権利，売る権利である．ヨーロピアンについては，満期に得られる利得が右辺と左辺で等しいことから，例 1.2.1 を使えば容易に説明できる．アメリカンについては，右辺は証券 1 枚分ずつ行使タイミングを選べるが，左辺に a 枚分一度に行使しなければならないので，ヨーロピアンのように単純ではない[2]．もし，$C^A(aS, aK, T_0) > aC^A(S, K, T_0)$ であると仮定すると，右辺を買って左辺を売り，売ったオプションが行使されたタイミングで保有オプションをすべて行使するという戦略が裁定機会をもつことから，無裁定の仮定に反する．したがって $C^A(aS, aK, T_0) \leqq aC^A(S, K, T_0)$ がいえる．$P^A(aS, aK, T_0) \leqq aP^A(S, K, T_0)$ も同様に示される．

性質 2（行使価格の大小関係とオプション価格の大小関係）

$K_1 < K_2$ ならば

$$C^E(S, K_1, T_0) \geqq C^E(S, K_2, T_0),$$
$$C^A(S, K_1, T_0) \geqq C^A(S, K_2, T_0).$$

もし，$S_{T_0} > K_1$ となる可能性があるならば不等号が成り立つ．同様に，$K_1 < K_2$ ならば

$$P^E(S, K_1, T_0) \leqq P^E(S, K_2, T_0),$$
$$P^A(S, K_1, T_0) \leqq P^A(S, K_2, T_0).$$

---

[2] 第 3 章で述べるような完備なモデルの設定のもとでは，アメリカンについても等号が成立する．

もし，$S_{T_0} < K_2$ となる可能性があるならば不等号が成り立つ．

(説明)

例 1.2.1 を使えば容易に示される．

性質 3（行使価格に関する凸性）

$0 \leqq \lambda \leqq 1$ に対して，

$$C^E(S, \lambda K_1 + (1-\lambda)K_2, T_0)$$
$$\leqq \lambda C^E(S, K_1, T_0) + (1-\lambda)C^E(S, K_2, T_0),$$
$$C^A(S, \lambda K_1 + (1-\lambda)K_2, T_0)$$
$$\leqq \lambda C^A(S, K_1, T_0) + (1-\lambda)C^A(S, K_2, T_0),$$
$$P^E(S, \lambda K_1 + (1-\lambda)K_2, T_0)$$
$$\leqq \lambda P^E(S, K_1, T_0) + (1-\lambda)P^E(S, K_2, T_0),$$
$$P^A(S, \lambda K_1 + (1-\lambda)K_2, T_0)$$
$$\leqq \lambda P^A(S, K_1, T_0) + (1-\lambda)P^A(S, K_2, T_0).$$

(説明)

ヨーロピアンについては，例 1.2.1 を使えば容易である．アメリカンについては，たとえば 2 式目が成り立たないならば，左辺を売って右辺を買う．左辺の行使が起きたとき，右辺の 2 つのアメリカンをそれぞれ，インザマネーなら行使，そうでなければ権利を放棄するという戦略が裁定機会となる．

性質 4（アメリカンオプションの価格とヨーロピアンオプションの価格の関係）

$$C^A(S, K, T_0) \geqq C^E(S, K, T_0),$$
$$P^A(S, K, T_0) \geqq P^E(S, K, T_0).$$

(説明)

もし，$C^A(S, K, T_0) < C^E(S, K, T_0)$ であれば，アメリカンコールを買い，ヨーロピアンコールを売る．そして，購入したアメリカンは満期まで行使せず，満期にヨーロピアンが行使された場合のみアメリカンも行使すれば，当初のプレミアム差額分だけが利得となる．

性質 5（ポートフォリオのオプション価格 ≦ オプションのポートフォリオの価格）

$$C^E\left(\sum_{i=1}^n S^{(i)}, \sum_{i=1}^n K^{(i)}, T_0\right) \leqq \sum_{i=1}^n C^E(S^{(i)}, K^{(i)}, T_0).$$

（説明）

$$\left(\sum_{i=1}^n S_{T_0}^{(i)} - \sum_{i=1}^n K^{(i)}\right)^+ \leqq \sum_{i=1}^n \left(S_{T_0}^{(i)} - K^{(i)}\right)^+$$

であることに注意すると，例 1.2.1 より説明できる．

1.3 単純な 1 期間モデル

例 1.2.3 を少し一般化してみよう．

はっきり述べなかったが，上の考え方には無裁定以外にもいくつかの大前提がある．その主なものは，

(1) 空売り[3]が無条件に可能である，
(2) 税や取引手数料などの取引費用が 0 である，
(3) 売買の量がどんなに多くとも証券の価格には影響を与えず，与えられた価格で取引可能である，

の 3 つである．

ここで，考える期間は 1 期間，すなわち第 0 期と第 1 期の 2 時点のみとし，起こりうる根元事象は ω_1 と ω_2 のどちらかのみとする．いま，株と（絶対安全な）債券の 2 種類の有価証券があるとする．この 1 期間の債券の利率は，ω_1 と ω_2 のどちらであっても R とする．このことは，第 0 期で債券に 1 円投資すると，第 1 期には $1+R$ 円になることを意味する．一方株の市場価格は，第 0 期における株価は $S_0 > 0$ とし，第 1 期では，根元事象 ω_1 に対応する株価は 1 株 $S_1(\omega_1)$ 円であり，根元事象 ω_2 に対応する株価は 1 株 $S_1(\omega_2)$ 円であるとする（$S_1(\omega_1) < S_1(\omega_2)$）．これらを図にすると図 1.6 のようになる．株の収益率 Q_1 を $Q_1(\omega_i) = S_0^{-1} S_1(\omega_i) - 1, i = 1, 2$ とおくと，無裁定の仮定よ

---

[3] 保有していない証券を保有者から借りて売却する取引である．特定の期日までに借りた証券を返却しなければならないので，将来の適当な時点でその証券を市場で購入する必要がある．空売り価格と購入価格との差額で決済することもある．

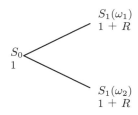

図 1.6 簡単な 1 期間モデル（上段：株式，下段：債券）

り，$Q_1(\omega_1) < R < Q_1(\omega_2)$ でなければならない（もし，$R \leqq Q_1(\omega_1)$ ならば株の方が無条件に有利であり，債券を空売りし，それと同額分の株を購入することで，初期投資額 0 で，損失の可能性はないにもかかわらず利益を得る可能性が存在することになる．すなわち，これは，裁定機会をもつ戦略である．$Q_1(\omega_2) \leqq R$ の場合も同様である）．

現実社会では，貨幣（現金）があり，資産の一部を何にも投資せず現金のまま残しておくということはよくある．しかし，ファイナンスでは，無リスクで資産を増やす手段がある場合は，現金で残してまったく増えないよりは，無リスク資産に投資して増やす道を選ぶと考える．

また，時刻 0 における金額 1 円の資産は，無リスク資産運用により，時刻 1 には無リスクで $1+R$ 円になることから，経済的には時刻 0 における 1 円と時刻 1 における $1+R$ 円とが等価であると考える．このことを，時刻 1 での金額 1 円の現在価値は $(1+R)^{-1}$ であるなどともいう．これは，裏返していえば，無リスク資産を基準にして，それと比べてより増えたか減ったかで，資産運用結果の良し悪しを測るという発想に直結する．これはある意味，資産というものをその時々における金額で測るのではなく，無リスク資産を基準として，無リスク資産何単位分に相当するかという見方をしていることに相当する．第 2 章でみるように，このような基準としての役割をする資産は**ニュメレール** (numeraire) とよばれ，実は必ずしも無リスクである必要はないが，つねに価値が正である必要がある．くわしくは，2.2 節参照．

さて，オプションの考え方は**条件付き請求権** (contingent claim) というものに拡張され，それは第 1 期に事象が ω_1 のとき $Z(\omega_1)$ 円請求でき，事象が ω_2 のとき $Z(\omega_2)$ 円請求できる権利のことをいう．この条件付き請求権の価格は先と同様に，第 0 期に債券に x 円，株に y 円投資したとして，第 1 期における

価値が ω_1 と ω_2 のどちらであっても Z と一致するように x, y を求め，$x+y$ が答となる．そのためには，連立 1 次方程式

$$(1+R)x + (1+Q_1(\omega_1))y = Z(\omega_1),$$
$$(1+R)x + (1+Q_1(\omega_2))y = Z(\omega_2)$$

を解けばよい．これは，

$$x + (1+R)^{-1}(1+Q_1(\omega_1))y = (1+R)^{-1}Z(\omega_1),$$
$$x + (1+R)^{-1}(1+Q_1(\omega_2))y = (1+R)^{-1}Z(\omega_2)$$

と書き直される．

$$\pi_1 = \frac{Q_1(\omega_2) - R}{Q_1(\omega_2) - Q_1(\omega_1)}, \qquad \pi_2 = \frac{R - Q_1(\omega_1)}{Q_1(\omega_2) - Q_1(\omega_1)}$$

とおくと，

$$x + y = (1+R)^{-1}Z(\omega_1)\pi_1 + (1+R)^{-1}Z(\omega_2)\pi_2 \tag{1.1}$$

となる．明らかに，

$$\pi_1 + \pi_2 = 1, \qquad \pi_1, \pi_2 > 0,$$
$$(1+R)^{-1}S_1\pi_1 + (1+R)^{-1}S_2\pi_2 = S_0 \tag{1.2}$$

が成り立つ．第 2 章でみるようにこれは偶然ではない．π_1, π_2 はそれぞれ事象 ω_1, ω_2 の確率と考えることができる（「リスク中立確率」としばしばよばれるが，この本ではこの言葉は用いず第 2 章で定義する同値マルチンゲール測度という言葉を用いる）．(1.1) 式は条件付き請求権の第 0 期における価格は確率 Q のもとでの第 1 期の金利で割り引いた価値の平均となることを示している．(1.2) 式は，金利で割り引いた第 1 期の株価の確率 Q のもとでの平均が第 0 期の株価に等しいことを示している．

注意すべきことは，この確率は数学の確率測度の定義を満たしているので「確率」とよんでいるのにすぎず，事象の主観確率や客観確率といった「事象が起こる確からしさ」を表すものではないということである（次章でみるように「ニュメレール」として何をとるかで確率は異なってくる）．上の例題で，次のことに注意しよう．

- 将来起こる受払い額の p, q による期待値ではない.
- p, q の値には依存しない. ただし, $p \neq 0, q \neq 0$ であることは重要である.
- $x + y = \pi_1(1+R)^{-1}Z(\omega_1) + \pi_2(1+R)^{-1}Z(\omega_2)$ であり, また, $S_0 = \pi_1(1+R)^{-1}S_1(\omega_1) + \pi_2(1+R)^{-1}S_2(\omega_2)$ である.

また, ポートフォリオにおける株への投資枚数は,

$$\frac{y}{S_0} = \frac{Z(\omega_1) - Z(\omega_2)}{S_1(\omega_1) - S_2(\omega_2)}$$

となる. この値は**デルタ**とよばれている.

1.4 一般化(多期間モデル)

上の議論の一般化を考える.

これまでは, 株価の可能性を2つしか考えなかったが, 図1.7のように3つあるとすればどうなるであろうか. いま, 債券の金利は R, 第0期の株価は1株 S_0 円とする. 根元事象は $\omega_1, \omega_2, \omega_3$ の3つあるとして, $\omega_i, i=1,2,3$ が起きたときの第1期の株価は1株 $S_1(\omega_i)$ 円であるとする ($S_1(\omega_1) < S_1(\omega_2) < S_1(\omega_3)$).

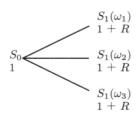

図 1.7 根元事象3つの場合(上段:株式, 下段:債券)

$\omega_i, i=1,2,3$ が起こったとき Z_i 円請求できるという条件付き請求権を考えると, 上と同様な考察により

$$(1+R)x + (1+Q_1(\omega_1))y = Z_1(\omega_1),$$
$$(1+R)x + (1+Q_1(\omega_2))y = Z_1(\omega_2),$$
$$(1+R)x + (1+Q_1(\omega_3))y = Z_1(\omega_3)$$

という連立方程式を得る（ただし，$Q_1(\omega_i) = S_0^{-1} S_i - 1$）．

この方程式は一般には解けず，上の議論から条件付き請求権の第 0 期における価格を決めることができない．このような状況を**完備**でない (incomplete) とよぶ．では上の議論は複雑な状況では役に立たないかというとそうではない．

株価が複雑に変化種々の値をとる場合のモデルとして多期間モデルがある．ここでは簡単のために 2 期間モデルについて考察する．

- 根元事象は 4 つ：ω_i, $i = 1, 2, 3, 4$.
- 第 t 期債券の価格は $B_0(1+R)^t$, $t = 0, 1, 2$ で状態によらない．
- 第 t 期の状態による株価を $S_t(\omega_i)$, $t = 0, 1$, $i = 1, 2, 3, 4$ とし，

$$S_0(\omega_i) = S_0, \qquad i = 1, 2, 3, 4,$$
$$S_1(\omega_1) = S_1(\omega_2) > S_1(\omega_3) = S_1(\omega_4),$$
$$S_2(\omega_1) > S_2(\omega_2), \qquad S_2(\omega_3) > S_2(\omega_4)$$

とする．

これを図示したのが図 1.8 である．

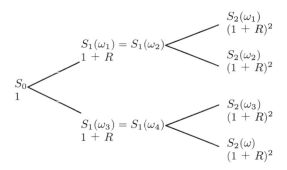

図 1.8　簡単な 2 期間モデル（上段：株式，下段：債券）

このモデルでは，金利で割り引いた第 t 期の状態による株価，すなわち，無リスク資産価格を基準とする相対的な株価 $M_t(\omega_i)$, $t = 0, 1, 2$, $i = 1, 2, 3, 4$ は，

$$M_0(\omega_i) = S_0,$$
$$M_1(\omega_i) = (1+R)^{-1} S_1(\omega_i),$$

$$M_2(\omega_i) = (1+R)^{-2} S_2(\omega_i)$$

となる．

さて，1期間モデルでは，第 0 期で債券を x 円，株を y 円保有して第 1 期にどうなるかを考えた．このモデルでは，第 1 期の株価をみて証券の保有額を組替えることができるので，第 0 期で債券を x_0 円，株を y_0 円保有するとし，さらに第 1 期で ω_1 または ω_2 の場合は債券 $x_1(\omega_1) = x_1(\omega_2)$ 円，株 $y_1(\omega_1) = y_1(\omega_2)$ 円に保有額を組替え，また ω_3 または ω_4 の場合は債券 $x_1(\omega_3) = x_1(\omega_4)$ 円，株 $y_1(\omega_3) = y_1(\omega_4)$ 円に保有額を組替えることにする．ただし，第 1 期に組替える際に資金を補てんしたり余らせたりしないこととすると，

$$x_1(\omega_1) + y_1(\omega_1) = x_0(1+R) + y_0 S_0^{-1} S_1(\omega_1),$$
$$x_1(\omega_3) + y_1(\omega_3) = x_0(1+R) + y_0 S_0^{-1} S_1(\omega_3)$$

でなくてはならない．第 2 期に価値が決まるデリバティブの価格を求めるには，前と同様に 1 次方程式の系をつくり，逐次，方程式を解けばよいが非常に複雑になる．実は 1 期間モデルにおける形式的な確率 π_1, π_2 に相当する確率が定まるという考え方が有効である．さらにその確率測度のもとで

$$E[M_2(\cdot)|\{\omega_1,\omega_2\}] = M_1(\omega_1) = M_1(\omega_2),$$
$$E[M_2(\cdot)|\{\omega_3,\omega_4\}] = M_1(\omega_3) = M_1(\omega_4),$$
$$E[M_1(\cdot)] = S_0$$

が成り立つ．条件付き確率[4]の扱いが面倒なので，数学では情報を加法族[5]とよばれるもので表現する．第 t 期の情報を $\mathcal{F}_t$ という加法族で表すと上の式は，

$$E[M_{t+1}|\mathcal{F}_t] = M_t, \quad t = 0, 1$$

と表され，非常に記述が簡単になる．上の式を満たす確率変数の列 M_t のことを**マルチンゲール**[6]とよぶ．

---

[4] $E[\cdot|\cdot]$ は条件付き期待値である．条件付き確率，条件付き期待値については付録 B.1.3 項を参照されたい．

[5] 加法族については，付録 B.1.2 項を参照されたい．

[6] マルチンゲールについては，付録 B.2 節を参照されたい．

いま述べたことをまとめると,「派生商品の価格を求めることは割り引かれた証券価格をマルチンゲールにするような確率測度を求め,その確率測度のもとでのデリバティブのペイオフの割り引き価値の期待値を求めることに帰着する」ということである.ただし,この節の冒頭で述べた3分岐のモデルのように,このような扱いがつねにできるわけではない.

本書の第2章以降では,いま述べたアイデアを一般的なモデルに適用すればどのようなことがわかるかについて述べていく.

第2章 離散時間モデル

この章では,将来起こりうる事象の数は有限であるとし,時刻も離散的で有限であるとして,証券の価格変動モデルを考えていく.物の値段は需給によって決まるといわれるが,ここでは,市場で取引される証券の市場価格が決まるに至る経済学的背景には言及せず,時々刻々と市場で価格が決定されることを所与として,その価格推移を確率過程の枠組みに乗せるところから議論を始める.そして,無裁定などのファイナンスで重要な概念を述べ,それに対応する数学上の概念との関係を示す.

2.1 モデルの説明

まず,**確率空間**[1]を設定しよう.$(\Omega, \mathcal{F}, P)$ を確率空間とする.ただし,Ω は有限集合とし,$\mathcal{F} = 2^\Omega$,すなわち Ω の部分集合全体とする.また,すべての $\omega \in \Omega$ に対し $P(\{\omega\}) > 0$ とする.さらに,時間は離散的で,考える時刻は $t = 0, 1, 2, \ldots, T$ の有限個であるとする.そして,時刻 t までの情報を加法族 $\mathcal{F}_t$, $t = 0, 1, \ldots, T$ で表し,$\{\mathcal{F}_t\}_{t=0}^T$ を**フィルトレーション**[2]とする.すなわち

$$\mathcal{F}_0 \subset \mathcal{F}_1 \subset \mathcal{F}_2 \subset \cdots \subset \mathcal{F}_T$$

と仮定する.また,初期時刻 0 においては情報がまったくない,すなわち $\mathcal{F}_0 = \{\emptyset, \Omega\}$ であるとする.

この確率空間の上で,次のような**市場のモデル**を考える.

まず,市場で取引されている**有価証券** (security) は,$1, \ldots, d$ の d 種類とする.また,このモデルは時刻 0 から時刻 T までについて定義し,それ以後の

---

[1] 確率空間の定義は付録 B.1.1 項を参照されたい.
[2] フィルトレーションの定義は付録 B.2 節を参照されたい.

時刻では取引は考えないものとする．しばしば，このような時刻 T は**タイムホライズン** (time horizon) などとよばれる．そしてここでは，証券保有者は時刻 T にはすべてを清算，すなわち，保有するすべての証券を現金化するものと考えることとする．ここでの有価証券の保有者は，毎時刻に決定される額（これを配当とよぶ）を，その額が正であっても負であっても受けとる．これをもう少しくわしく述べよう．以下，$\mathbf{R}$ を実数全体とする．

まず，**配当**について述べる．状態が $\omega \in \Omega$ の場合，時刻 $t-1$ での取引終了後に第 k 証券を保有している者に対して時刻 t に支払われる，証券 1 単位当たりの配当額を，

$$\delta_t^k(\omega) \in \mathbf{R}$$

とする．ここで，各 $k = 1, 2, \ldots, d$ および $t = 0, 1, \ldots, T$ に対して，δ_t^k を $\mathcal{F}_t$-可測[3]な確率変数とする．すなわち，時刻 t に支払われる配当の額は，時刻 t までの情報で決定される．また，さまざまな場合が考えられるので，配当額は正でも負でも 0 でもありうるとする．なお，時刻 0 では配当は支払われない，すなわち，$\delta_0^k = 0$, $k = 1, \ldots, d$ と規約する．

次に，株価について述べよう．各時刻においては，まず配当の処理が行われた後その時刻での売買が行われると考えることにする．したがって，時刻 t での売買価格は，時刻 t での配当受けとりがすでに完了した後の価格，すなわち，**配当落ち価格**とする．いま，S_t^k を $\mathcal{F}_t$-可測な確率変数とし，状態が $\omega \in \Omega$ の場合，時刻 t での証券 k の配当落ち価格は $S_t^k(\omega)$ であるとする．すなわち，ここで考えている設定は，Ω の元 ω の 1 つ 1 つが証券価格や配当などの推移のシナリオを表していると考え，状態が $\omega \in \Omega$ であるということは，時刻が $0, 1, 2, \ldots, T$ と進むにつれ，配当額は $0, \delta_1^k(\omega), \delta_2^k(\omega), \ldots, \delta_T^k(\omega)$, 証券の配当落ち価格は $S_0^k(\omega), S_1^k(\omega), S_2^k(\omega), \ldots, S_T^k(\omega)$ と推移することを意味すると考える．なお，時刻 T はタイムホライズンであるが，$S_T^k = 0$ は仮定しない[4]．さらに，この価格で，市場において好きな量だけ売買可能であると仮定する．

記法を簡単にするため，配当や価格をベクトル値確率変数

---

3) 可測の定義は付録 B.1.2 項を参照されたい．
4) 時刻 T 以後の取引を考えないため時刻 T には証券は実質紙切れとなると解釈し，$S_T = 0$ であると仮定する立場もあるが，ここではそれを仮定せず，S_T がいくらであれ，すべての保有資産を時刻 T で清算し現金化するものと考えることとする．

$$\delta_t = (\delta_t^1, \ldots, \delta_t^d),$$
$$S_t = (S_t^1, \ldots, S_t^d)$$

で表現することにしよう．

以後の記法を簡略にするためにいくつか記号を用意しておく．

$$L = \{\{\mathcal{F}_t\}_{t=0}^T\text{-適合}^{5)}\text{な確率過程全体}\},$$
$$L_{\mathrm{pre}} = \{\{\mathcal{F}_t\}_{t=0}^T\text{-可予測}^{6)}\text{な確率過程全体}\},$$
$$L_+ = \left\{\{x_t\}_{t=0}^T \in L;\ x_t \geqq 0,\ t = 0, \ldots, T\right\}.$$

上で導入した配当過程と証券価格過程はそれぞれ，$\delta = (\delta^1, \delta^2, \ldots, \delta^d) \in L^d$, $S = (S^1, S^2, \ldots, S^d) \in L^d$ である．

最後に，**取引戦略**について述べる．証券は誰でも自由に好きな量だけ売買でき，その行動は価格に影響しないとする．すなわち，ここで考えるモデルの大前提として，

(1) 空売りに関する制約も含め，取引量に関する制約はいっさいない，

(2) 取引手数料や税金など，購入代金以外のいわゆる取引費用はいっさいない，

(3) 市場規模は十分大きく，マーケットインパクト（売買する行動により市場価格が動いてしまうこと）はない，

とする．現実には，取引可能な単位数や金額は整数か，せいぜい有理数である場合がほとんどであるが，ここでは任意の実数の枚数が取引できるものとする．証券の保有量が負である場合は，空売りであることを意味する．

時刻 t での売買の直前における証券 k の保有枚数が θ_t^k 枚であるような取引戦略を考えよう．このとき，時刻 $t-1$ での売買の結果，証券 k の保有数が θ_t^k 枚となるわけであるから，θ_t^k は時刻 $t-1$ までの情報に基づいて決定できていなければならない．したがって，

$$\theta = (\theta^1, \ldots, \theta^d) \in L_{\mathrm{pre}}^d$$

である．また前述の通り，時刻 T での取引ですべての保有証券を売り払うも

---

5) 適合過程の定義は，付録 B.2 節の定義 B.2.1 の (1) を参照されたい．
6) 可予測過程の定義は，付録 B.2 節の定義 B.2.1 の (2) を参照されたい．

のとするので，形式的に $\theta_{T+1} = 0$ と規定する．θ_t は，各時刻 t での保有証券の一覧表とみなせることから，確率過程 θ は**ポートフォリオ (portfolio) 戦略**とよばれる[7]．

数理ファイナンスにおける**市場のモデル**とは，確率空間 $(\Omega, \mathcal{F}, P)$，およびその上のフィルトレーション $\{\mathcal{F}_t\}_{t=0,1,\ldots,T}$，証券価格過程 $S \in L^d$，および配当過程 $\delta \in L^d$，そして許容されるポートフォリオ戦略全体の集合の組のことである．市場のモデルを構成するこれらの要素をどう設定するかで，具体的なモデルがさまざまに考えられる．以下市場のモデルが何らかの形で与えられたものとして一般的な議論を進め，市場のモデルを単にモデルとも呼ぶ．

2.2　ファイナンスの考え方と基本定理

ポートフォリオ戦略 $\theta \in L^d_{\text{pre}}$ を実行することを想定しよう．まず最初にこのポートフォリオを組立てるために，資金 $\theta_1 \cdot S_0 = \sum_{k=1}^d \theta_1^k S_0^k$ が必要である．そして時刻 t になったとき，取引前には θ_t のポートフォリオを保有しているので，まず $\theta_t \cdot \delta_t = \sum_{k=1}^d \theta_t^k \delta_t^k$ の配当を受け，次に売買取引を行って，ポートフォリオの構成内容を θ_t から θ_{t+1} に組替える．この組替えのために必要となる資金は

$$(\theta_{t+1} - \theta_t) \cdot S_t = \sum_{k=1}^d (\theta_{t+1}^k - \theta_t^k) S_t^k$$

である．よって，各証券からの配当金の合計金額から組替え資金を差し引いた額が，このポートフォリオ戦略 θ によって時刻 t に得られる実質的配当となる．最後に，時刻 T では，各証券からの配当を受けとり，保有証券をすべて売り払ってポートフォリオ戦略が終わる．

$\theta \in L_{\text{pre}}$ に対し，次の記号を導入する．

$$X_t^\theta = \theta_{t+1} \cdot S_t = \sum_{k=1}^d \theta_{t+1}^k S_t^k, \quad t = 0, 1, \ldots, T,$$

---

[7]　ここでは，L^d_{pre} の元すべてを可能なポートフォリオ戦略とするが，場合によっては，許容されるポートフォリオ戦略を制限して考えることもある．

$$\delta_t^\theta = \theta_t \cdot \delta_t - (\theta_{t+1} - \theta_t) \cdot S_t, \qquad t = 0, 1, \ldots, T,$$
$$\text{ただし,} \quad \theta_{T+1} = 0.$$

X_t^θ は時刻 t の売買直後の保有証券の総額であり，この戦略によるポートフォリオを 1 つの証券のように考えると，これを時刻 t に購入するために必要となる金額，すなわち価格に相当する．また δ_t^θ は，上で述べた，戦略 θ に基づく時刻 t での実質的配当である．とくに，$-\delta_0^\theta = \theta_1 \cdot S_0$ は，時刻 0 にポートフォリオ θ を組成するための必要資金額であり，

$$\delta_0^\theta = -X_0^\theta$$

である．また，$\theta_{T+1} = 0$ と規定したので $X_T^\theta = 0$ であることに注意しよう．

次に，ファイナンスにおいてもっとも重要な概念である裁定取引 (arbitrage) の概念を述べよう．aribitrage は辞書では「裁定取引，鞘とり売買」と訳されており，数理ファイナンスにおいて**裁定取引**とは，リスクなしで利得を得る取引戦略といった意味合いで用いられる．すなわち，実質配当が負になることは時刻 0 も含めけっして起こらないにもかかわらず，正になる可能性があるポートフォリオ戦略を指す．ここで与えられたモデルでは次のように定義される．

定義 2.2.1 (1) ポートフォリオ戦略 $\theta \in L_{\text{pre}}^d$ が**裁定機会をもつ**とは

$$\delta^\theta \in L_+ \quad \text{かつ} \quad \delta^\theta \not\equiv 0$$

が成立することをいう．

(2) モデルが**無裁定**であるとは，裁定機会をもつポートフォリオ戦略が存在しないことをいう．

さて，ファイナンスでは異なる時刻での**キャッシュフロー**（お金の出入り）を扱うが，同じ額であっても，受けとる時刻が異なれば，一般にはその "価値" は異なる．異時点間の価値基準をそろえるための換算レートを導入したい．

例 2.2.2 1 期間の金利を r で一定とする．時刻 0 で 1 円をこの金利で運用すると，時刻 1 には $(1+r)$ 円となる．同様に，途中の利息もすべてこの金利で運用（複利運用）し続けると，時刻 $t = 0, 1, 2, \ldots, T$ には確実に $(1+r)^t$

円となることから，各時刻 t での $(1+r)^t$ はすべて "等価" と考えることができる．このとき，時刻 t における金額 C は，時刻 0 における $C(1+r)^{-t}$ と等価であり，時刻 s における $C(1+r)^{s-t}$ と等価であると考えられる．このことから，$\gamma_t = (1+r)^{-t}$ は換算レートの 1 つである．この場合，$\gamma_0 = 1$ であり，時刻 t での価値 C に γ_t を乗ずると時刻 0 の（通貨を単位とする）価値に換算されることになる．この $C\gamma_t$ は**現在価値**とよばれ，逆に時刻 0 での価値 c に対し $c\gamma_t^{-1}$ は**将来価値**とよばれる．

例 2.2.2 の換算レートは，（通常そうであるように）金利 r が非負であれば，$0 < t$ に対し $\gamma_t \leqq 1$ である．換算レートを乗じて現在時刻 0 での価値に換算することを，現在価値に**割り引く**という．

しかし，例 2.2.2 で紹介した換算レートは，1 つの例でしかない．何で割り引くべきかということは，一般にはよくわからない．また，異時点間の換算ができれば不都合はなく，基準を現在の現金価値とする必然性もないので，現在時刻に対応する換算レート値が 1 である必要はない．さらに，換算レートは状態 $\omega \in \Omega$ に依存してもかまわない．ただし，将来価値に換算する際には換算レートで除すので，換算レートは 0 になることがあってはならない．またそもそも，将来における正の価値に対する現在価値が 0 であったりマイナスであることは不自然であることから，換算レートは，つねに正であるべきである．これらをふまえ，この換算レートの役割をするものとして，ここでは，デフレーターという概念を抽象的に定義する．

定義 2.2.3 γ が**デフレーター** (deflator) であるとは，$\gamma \in L$ かつ，$\gamma_t(\omega) > 0$, $t = 0, 1, \ldots, T, \omega \in \Omega$ であることとする．

デフレーター γ に対し，G_t^γ を次のように与える．

$$G_t^\gamma = \gamma_t S_t + \sum_{j=0}^{t} \gamma_j \delta_j, \quad t = 0, 1, \ldots, T. \tag{2.1}$$

G_t^γ の第 k 成分は，証券 k に関して，時刻 0 から t までに支払われた配当金および時刻 t での証券価値とを，それぞれの時刻に応じてデフレーター γ で割り引いたものの合計である．

定義 2.2.4 π が**状態価格デフレーター** (state price deflator) であるとは，π

がデフレーターで，かつ

$$S_t = \pi_t^{-1} E\left[\sum_{j=t+1}^{T} \pi_j \delta_j + \pi_T S_T \bigg| \mathcal{F}_t\right], \qquad t = 0, 1, \ldots, T$$

となることをいう．

すなわち，状態価格デフレーターで割り引いた値でみると，任意の時刻 t での配当落ち価格が，$t+1$ 以降発生するすべての配当とタイムホライズンでの価格の和の $\mathcal{F}_t$-条件付き期待値と一致することになる．

$\tilde{\pi}$ を状態価格デフレーターとすると，任意の正の定数 c に対して $c\tilde{\pi}$ も状態価格デフレーターである．とくに，$c = \tilde{\pi}_0^{-1}$ とおくと，π は $\pi_0 = 1$ を満たす状態価格デフレーターである．

以下の定理はしばしば**ファイナンスの第 1 基本定理**とよばれる．証明は，2.4 節で述べる．

定理 2.2.5 無裁定であることの必要十分条件は，状態価格デフレーターが存在することである．

定義 2.2.6 ポートフォリオ戦略 $\tilde{\theta} \in L_{\mathrm{pre}}^d$ が**自己充足的** (self-financing) であるとは $t = 1, \ldots, T-1$ に対して $\delta_t^\theta = 0$ となることをいう．

定義 2.2.7 L の元 N が**ニュメレール**であるとは，次の条件を満たすものをいう．

(1) 自己充足的戦略 $\tilde{\theta} \in L_{\mathrm{pre}}^d$ で，

$$N_t = \begin{cases} \tilde{\theta}_{t+1} \cdot S_t, & t = 0, 1, \ldots, T-1 \\ \delta_T^{\tilde{\theta}}, & t = T \end{cases}$$

となるものが存在する．

(2) すべての $t = 0, 1, \ldots, T$，および $\omega \in \Omega$ に対して $N_t(\omega) > 0$ となる．

ニュメレールは，「途中で配当がなく価値がつねに正であるような，市場を通じて構成できるポートフォリオ戦略」に対応するものということができる．モデルによっては，ニュメレールが必ずしも存在するとは限らないが，後述の完備なモデルではニュメレールは必ず存在する．実務ではニュメレールが

存在するモデルが多用されている．

例 2.2.8 時刻 T を満期とする債券で，クーポンがなく，また，けっして債務不履行となることはないものが市場で取引されているとすると，これはニュメレールである．

また，各時刻 t において金利 r_t で 1 期間運用することで次の時刻に $1+r_t$ 倍にでき，もしすべての t で $1+r_t>0$ とすると，時刻 0 での 1 円を T まで複利運用する戦略は，時刻 t の価値が $\prod_{t=1}^{T}(1+r_t)>0$ のニュメレールである．これは，マネーマーケットアカウント，あるいはキャッシュアカウントなどとよばれている．

ニュメレール N を基準単位として，各時刻の資産の価値を，それがニュメレール何単位分に相当するかで考えれば，異時点間の価値の比較や合算が可能となる．この考え方は，N^{-1} をデフレーターと考えることに対応する．

任意のニュメレール N と任意のデフレーター γ に対し，Ω 上の確率測度 $Q=Q^{(N,\gamma)}$ を

$$Q(A) = E[\gamma_T N_T]^{-1} E[\gamma_T N_T, A], \qquad A \in \mathcal{F}$$

で定める[8]．

定義 2.2.9 N はニュメレールとする．Ω 上の確率測度 Q が N に関する**同値マルチンゲール測度** (equivalent Martingale measure) であるとは

$$Q(\{\omega\}) > 0, \qquad \omega \in \Omega,$$
$$G_{t-1}^{N^{-1}} = E^Q[G_t^{N^{-1}} | \mathcal{F}_{t-1}], \qquad t=1,\ldots,T$$

となることをいう[9]．同値マルチンゲール測度は，英語名の頭文字をとってしばしば **EMM** と略される．本書も，以下では EMM と記す．

状態価格デフレーターと EMM には以下の関係がある．

---

[8] 記号 $E[\,\cdot\,, B]$ は事象 B 上の期待値である．定義については付録 B.1.1 項を参照されたい．
[9] 記号 $E^Q[\,\cdot\,|\,\cdot\,]$ は確率測度 Q での条件付き期待値を意味する．

定理 2.2.10　N をニュメレールとする．

(1) π が状態価格デフレーターであれば，$Q^{(N,\pi)}$ は N に関する EMM である．

(2) $\tilde{Q}$ が N に関する EMM ならば

$$Z(\omega) = \frac{\tilde{Q}(\{\omega\})}{P(\{\omega\})}, \qquad \omega \in \Omega,$$

$$\pi_t = N_t^{-1} E[Z|\mathcal{F}_t], \qquad t = 0, 1, \ldots, T$$

とおくと，π は状態価格デフレーターであり，任意の $A \in \mathcal{F}_T$ に対し，$\tilde{Q}(A) = Q^{(N,\pi)}(A)$ が成り立つ．

この結果，以下のことが成立する．

定理 2.2.11　N をニュメレールとする．このとき，無裁定であることは N に関する EMM が存在することと同値である．

次に「完備」の定義を与える．

定義 2.2.12　市場のモデルが**完備** (complete) であるとは，任意の $x \in L$ に対し，$\delta_t^\theta = x_t,\ t = 1, 2, \ldots, T$ となるような $\theta \in L_{\text{pre}}^d$ が存在することをいう．

第 3 章でみるように，市場のモデルが完備である場合，デリバティブと同じ実質配当をもつポートフォリオ戦略が必ず存在することから，デリバティブを複製することが可能となる．

完備に関しては以下のような定理が成り立つ．この定理は，しばしば**ファイナンスの第 2 基本定理**とよばれる．

定理 2.2.13　市場のモデルが無裁定であると仮定する．このとき以下は同値である．

(1) 市場のモデルが完備である．

(2) 状態価格デフレーターが定数倍を除き一意である．

定理 2.2.14　市場のモデルが無裁定と仮定し，N はニュメレールとする．このとき，市場のモデルが完備であることは次の条件と同値である．

任意の $\mathcal{F}_T$-可測な確率変数 Y に対して

$$Y = c + (\theta \cdot G^{N-1})_T$$

を満たす $\theta \in L^d_{\mathrm{pre}}$ と $c \in \mathbf{R}$ が存在する．

2.3 二項モデルを使った例

改めて，T を正の整数とし，離散的な時刻は 0 から T までとして述べる．ここでは，確率空間 $(\Omega, \mathcal{F}, P)$ を次のものとする．まず，$\Omega = \{0,1\}^T$ とし，$\mathcal{F} = 2^\Omega$ (Ω のすべての部分集合からなる集合族) とする．Ω の元は 0 と 1 からなる長さ T の文字列なので，各 $\omega \in \Omega$ は，

$$\omega = \omega_1 \omega_2 \ldots \omega_T, \quad \omega_i = 0 \text{ または } 1,\ i = 1, \ldots, T$$

のように表される．確率測度 P は，すべての $\omega \in \Omega$ に対して $P(\{\omega\}) > 0$ であるとする．

つまり，状態 $\omega \in \Omega$ が確率 $P(\{\omega\})$ で (みえないところで) 選ばれ，その文字列 $\omega = \omega_1 \omega_2 \ldots \omega_T$ に対応するシナリオ通りに証券価格の変化が起こる．しかし選ばれた ω の文字列の全容は T 以前には判明せず，時刻 t には ω の文字列の最初の t 文字のみが明らかになると考える．そこで，ここでのフィルトレーション $\{\mathcal{F}_t\}_t$ を次のように考える．$\mathcal{F}_0 = \{\phi, \Omega\}$ とし，$0 < t \leqq T$ に対しては，0 と 1 からなる長さ t の任意の列 $\omega_1 \ldots \omega_t$ に対して，最初の t 個が $\omega_1 \ldots \omega_t$ である事象を

$$A_{\omega_1 \ldots \omega_t} = \{\tilde{\omega} = \tilde{\omega}_1 \tilde{\omega}_2 \ldots \tilde{\omega}_T \in \Omega;\ \tilde{\omega}_i = \omega_i,\ i = 1, 2, \ldots, t\}$$

とおき，

$$\mathcal{F}_t = \sigma(A_{\omega_1 \ldots \omega_t};\ \omega_i = 0 \text{ または } 1,\ i = 1, 2, \ldots, t)$$

とする．

$\{X_t\}$ を $\{\mathcal{F}_t\}_{t=0}^T$-適合な確率過程とするとき，各 t に対して，X_t は $\mathcal{F}_t$-可測な確率変数である．すなわち，根元事象 $\omega = \omega_1 \omega_2 \ldots \omega_T$ の最初の t 個の $0, 1$ の列 $\omega_1 \omega_2 \ldots \omega_t$ のみに依存する．そこで，$X_t(\omega_1 \omega_2 \ldots \omega_T)$ の代わりに $X_t(\omega_1 \omega_2 \ldots \omega_t)$ のようにも記すことにする．

また，各時刻 t までの文字列が $\omega_1 \omega_2 \ldots \omega_t$ であったとき，次の $t+1$ 番目

の文字が 0 である条件付き確率を，

$$P(A_{\omega_1\ldots\omega_t 0}|A_{\omega_1\ldots\omega_t})$$

と書くことにし，ここでは簡単のため，この条件付き確率は時刻 t や文字列 $\omega_1\omega_2\ldots\omega_t$ によらず，すべて同一の値 $0<p<1$ であるとする．

これを図示したのが図 2.1 である．

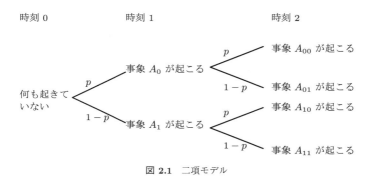

図 2.1　二項モデル

2.3.1　株式と割引債の二項モデル

ここでは，市場で取引可能な証券は 2 種類だけとし，1 つ目の証券は株式，2 つ目の証券は T を満期とする額面 1 の割引債とし，これらの価格や配当は次の通りとする．

状態 $\omega\in\Omega$ であるとき，時刻 t での株式の配当は $\delta_t(\omega)$ とし，この株式の時刻 t での配当落ち価格を $S_t(\omega)$ とする．これらの確率過程は $\{\mathcal{F}_t\}_{t=0}^T$ について適合過程とする．

また割引債については，時刻 $t<T$ での配当はすべての状態 $\omega\in\Omega$ で 0 であり，時刻 T での配当は，すべての状態 $\omega\in\Omega$ について 1 である．時刻 t での価格を $B_t(\omega)$ と記すことにする．そして，時刻 T で配当支払いが行われると契約が終了することから，時刻 T での配当落ち価格は $B_T(\omega)=0$ であるとする．

ここで，無裁定を仮定しよう．無裁定の仮定と割引債の配当の形とから，すべての $\omega\in\Omega$ およびすべての $t=0,1,\ldots,T-1$ に対して $B_t(\omega)>0$ である

ことが導かれる．なぜなら，仮にある時刻 t'，ある状態 $\tilde{\omega}$ に対して $B_{t'}(\tilde{\omega}) \leqq 0$ であれば，時刻 t での取引直前の債券保有数 θ_t を

$$\theta_t(\omega) = \begin{cases} 1, & t \geqq t'+1,\ \omega = \tilde{\omega} \\ 0, & それ以外 \end{cases}$$

とするポートフォリオ戦略が裁定機会をもつ，すなわち，t' で $\tilde{\omega}$ が起きたら，$-B_{t'}(\tilde{\omega}) \geqq 0$ を受けとったうえに，時刻 T には 1 を得ることになるからである．

ここでは，簡単のため，割引債の時刻 $t < T$ での価格は状態には依存しないとし，$1+r$ を正の定数として $B_t(\omega) = (1+r)^{-(T-t)}$, $t = 0, 1, \ldots, T$ とする．

デフレーター

前述の通り $B_t(\omega) > 0$, $t < T$ であることから，たとえば

$$\gamma_t(\omega) = \begin{cases} B_0(\omega) B_t(\omega)^{-1} = (1+r)^{-t}, & t < T \\ B_0(\omega), & t = T \end{cases}$$

とおくと，γ はデフレーターである．

このデフレーターによる時刻 t での，それまでの配当も含めた証券の割引価値を $G_t^\gamma = (S_t^\gamma, B_t^\gamma) \in L^2$ と記すことにすると，定義により

$$S_t^\gamma = \gamma_t S_t + \sum_{j=0}^{t} \gamma_j \delta_j = (1+r)^{-t} S_t + \sum_{j=0}^{t} (1+r)^{-j} \delta_j,$$
$$B_t^\gamma = B_0$$

となる．この場合は $\gamma_0 = 1$ であり，時刻 t での金額は，γ_t との積をとることにより，時刻 0 における貨幣価値を単位とする割引価値が得られる．

状態価格デフレーター

次に，状態価格デフレーター π を構成しよう．定数倍の自由度があるので，$\pi_0 = 1$ として π_t, $0 < t \leqq T$ を帰納的に特定していこう．状態価格デフレーターの定義 2.2.4 の条件式から，まず株式に関して満たすべき必要条件として，

$$\pi_t = S_t^{-1} E\left[\pi_{t+1} \delta_{t+1} + E\left[\sum_{j=t+2}^{T} \pi_j \delta_j + \pi_T S_T \Big| \mathcal{F}_{t+1}\right] \Big| \mathcal{F}_t\right]$$
$$= S_t^{-1} E\left[\pi_{t+1}(\delta_{t+1} + S_{t+1}) | \mathcal{F}_t\right], \quad t = 0, 1, \ldots, T-1 \tag{2.2}$$

を得る．同様に，割引債価格に関しても，$B_t = (1+r)^{-(T-t)}$ であることから必要条件

$$\pi_t = E\left[\pi_{t+1}(1+r)|\mathcal{F}_t\right], t = 0, 1, \ldots, T-1 \tag{2.3}$$

を得る．

いま，$\pi_1, \ldots, \pi_t$ まで定まったとして，すべての π_{t+1} を決定しよう．(2.2), (2.3) 式から，時刻 t で判明している各状態 $\omega_1 \ldots \omega_t$ に対して，$\pi_{t+1}(\omega_1 \ldots \omega_t 0)$ と $\pi_{t+1}(\omega_1 \ldots \omega_t 1)$ は次の2式を満たす必要がある．

$$\pi_t(\omega_1 \ldots \omega_t) = p\pi_{t+1}(\omega_1 \ldots \omega_t 0)u_t^{(0)}(\omega_1 \ldots \omega_t)$$
$$+ (1-p)\pi_{t+1}(\omega_1 \ldots \omega_t 1)u_t^{(1)}(\omega_1 \ldots \omega_t), \tag{2.4}$$
$$\pi_t(\omega_1 \ldots \omega_t) = p\pi_{t+1}(\omega_1 \ldots \omega_t 0)(1+r)$$
$$+ (1-p)\pi_{t+1}(\omega_1 \ldots \omega_t 1)(1+r), \tag{2.5}$$

ただし，
$$u_t^{(0)}(\omega_1 \ldots \omega_t) = \frac{\delta_{t+1}(\omega_1 \ldots \omega_t 0) + S_{t+1}(\omega_1 \ldots \omega_t 0)}{S_t(\omega_1 \ldots \omega_t)},\ t = 0, 1, \ldots, T-1,$$
$$u_t^{(1)}(\omega_1 \ldots \omega_t) = \frac{\delta_{t+1}(\omega_1 \ldots \omega_t 1) + S_{t+1}(\omega_1 \ldots \omega_t 1)}{S_t(\omega_1 \ldots \omega_t)},\ t = 0, 1, \ldots, T-1$$

とおいた．これを，$\pi_{t+1}(\omega_1 \ldots \omega_t 0)$ と $\pi_{t+1}(\omega_1 \ldots \omega_t 1)$ についての連立方程式として解けばよい．$u_t^{(0)}(\omega_1 \ldots \omega_t) - u_t^{(1)}(\omega_1 \ldots \omega_t) \neq 0$ であれば，方程式の解は以下の通り一意に定まる．なお表記が長くなるので，$\omega_1 \ldots \omega_t$ を略記する．

$$\pi_{t+1}(0) = \frac{\pi_t}{p}\frac{1}{1+r}\frac{(1+r) - u_t^{(1)}}{u_t^{(0)} - u_t^{(1)}},$$
$$\pi_{t+1}(1) = \frac{\pi_t}{1-p}\frac{1}{1+r}\frac{u_t^{(0)} - (r+1)}{u_t^{(0)} - u_t^{(1)}}.$$

状態価格デフレーターが存在するためには，これらすべてが正の値となることが必要十分条件である．

すなわち，すべての時刻 $t\ (< T)$ のすべての状態 $\omega_1 \ldots \omega_t$ において，$u_t^{(0)} - u_t^{(1)} > 0$ であれば $u_t^{(1)} < 1 + r < u_t^{(0)}$ が，逆に $u_t^{(0)} - u_t^{(1)} < 0$ であれば $u_t^{(0)} < 1 + r < u_t^{(1)}$ を満たすことが必要条件である．

注意 2.3.1 ある時刻 $t'(<T)$ のある状態 $\tilde{\omega} = \tilde{\omega}_1 \ldots \tilde{\omega}_{t'}$ において, $1+r \leqq u_{t'}^{(1)}(\tilde{\omega}) < u_{t'}^{(0)}(\tilde{\omega})$ の場合，各時刻 t の取引直前における株式保有数 θ_t^S と債券保有数 θ_t^B を

$$\theta_t^S(\omega) = \begin{cases} 1, & t = t'+1, \, \omega = \tilde{\omega} \\ 0, & \text{それ以外} \end{cases}$$

$$\theta_t^B(\omega) = \begin{cases} -S_{t'}^S(\tilde{\omega}) S_{t'}^B(\tilde{\omega})^{-1}, & t = t'+1, \, \omega = \tilde{\omega} \\ 0, & \text{それ以外} \end{cases}$$

とするポートフォリオ戦略は裁定機会をもつ．すなわち，この時刻 t' で状態 $\tilde{\omega}$ のときのみ，正の金額分株式を保有すると同時に同金額分の割引債を空売りし，時刻 $t'+1$ で反対売買により保有量を 0 とする戦略である．$1+r - u_{t'}^{(1)}(\tilde{\omega}) \leqq 0$ かつ $u_{t'}^{(0)}(\tilde{\omega}) - (1+r) > 0$ であることから，この戦略では，時刻 $t'+1$ で $\omega_{t'+1}$ が 0 であっても 1 であっても損することはなく，$\omega_{t'+1} = 0$ であれば正の収益を得る．したがって，この戦略は裁定機会をもつ．

注意 2.3.2 ある時刻 $t'(<T)$ のある状態 $\tilde{\omega} = \tilde{\omega}_1 \ldots \tilde{\omega}_{t'}$ において，$u_{t'}^{(0)}(\tilde{\omega}) = u_{t'}^{(1)}(\tilde{\omega})$ である場合について考察しよう.

まず，$1+r \neq u_{t'}^{(0)}(\tilde{\omega}) = u_{t'}^{(1)}(\tilde{\omega})$ ならば，連立方程式 (2.4), (2.5) の解は存在しない．この場合，もし $1+r < u_{t'}^{(0)}(\tilde{\omega}) = u_{t'}^{(1)}(\tilde{\omega})$ とすると注意 2.3.1 と同じポートフォリオ戦略が裁定機会をもつ．逆に $1+r > u_{t'}^{(0)}(\tilde{\omega}) = u_{t'}^{(1)}(\tilde{\omega})$ の場合はこれと売買を逆にした戦略が裁定機会をもつ．

一方，$1+r = u_{t'}^{(0)}(\tilde{\omega}) = u_{t'}^{(1)}(\tilde{\omega})$ ならば，連立方程式 (2.4), (2.5) の 2 つの式は同一の式となり，これを満たす正値 $\pi_{t'}(\tilde{\omega})$ は無限に存在する（一意ではない）．このとき，株と債券の収益率は同一であり，株と債券への投資により得られる収益結果は，時刻 $t+1$ で ω_{t+1} が 0 と 1 のどちらであるか，および株と債券への投資比率をいかに設定するかには依存しない．

例 2.3.3 株価のモデルを，時刻と状態によらず $\dfrac{\delta_{t+1}(\omega_1 \ldots \omega_t 0)}{S_t(\omega_1 \ldots \omega_t)} = a^{(0)}$, $\dfrac{\delta_{t+1}(\omega_1 \ldots \omega_t 1)}{S_t(\omega_1 \ldots \omega_t)} = a^{(1)}$, $\dfrac{S_{t+1}(\omega_1 \ldots \omega_t 0)}{S_t(\omega_1 \ldots \omega_t)} = b^{(0)}$, $\dfrac{S_{t+1}(\omega_1 \ldots \omega_t 1)}{S_t(\omega_1 \ldots \omega_t)} = b^{(1)}$ （それぞれ定数）とする単純な二項モデルが実務でも多用されている．この場合，$u^{(0)} = a^{(0)} + b^{(0)}, u^{(1)} = a^{(1)} + b^{(1)}$ もそれぞれ定数で

$$\pi_{t+1}(0) = \frac{\pi_t}{p} \frac{u^{(0)} - (1+r)}{(1+r)(u^{(0)} - u^{(1)})},$$

$$\pi_{t+1}(1) = \frac{\pi_t}{1-p} \frac{(1+r) - u^{(1)}}{(1+r)(u^{(0)} - u^{(1)})}$$

となる．この場合，状態価格デフレーターが存在するためには，$u^{(0)} > u^{(1)}$ の場合，$u^{(1)} < 1+r < u^{(0)}$，$u^{(0)} < u^{(1)}$ の場合，$u^{(0)} < 1+r < u^{(1)}$ がそれぞれ必要十分条件となる．

$u^{(0)} = u^{(1)}$ の場合，$1+r = u^{(0)} = u^{(1)}$ が条件となるが，2つの証券の配当も含めた実質的な収益率が互いに等しく，また，任意のデフレーター γ に対して G_t^γ は ω によらない確定的な過程となる．

ニュメレールと EMM

T を満期とする割引債を時刻 0 に 1 単位購入し，満期までもち切るという戦略は，時刻 0 から時刻 $T-1$ までは実質配当がなく，T での実質配当が 1 であり，また前述の通り $B_t > 0,\ t < T$ であることから，

$$N_t = \begin{cases} B_t, & t < T \\ 1, & t = T \end{cases}$$

とおくと，$\{N_t\}$ はニュメレールの条件を満たしている．

$\gamma_t = N_t^{-1}$ をデフレーターとし，このデフレーターによる時刻 t での，過去の配当も含めた証券の現在価値を $G_t^\gamma = (S_t^\gamma, B_t^\gamma) \in L^2$ と記すと，まず株式の方は定義により

$$S_t^\gamma = \frac{S_t}{N_t} + \sum_{j=0}^{t} \frac{\delta_j}{N_j} = (1+r)^{T-t} S_t + \sum_{j=0}^{t} (1+r)^{T-j} \delta_j$$

となる．右辺第 1 項は，t 現在の配当落ち株価を割引債何単位分になるかという値である．その次の各項は，時刻 t も含めそれまでの各時刻 j に受けとった配当を，仮に受けとり時点で即刻割引債に投資するとした場合の割引債単位数である．これらはすべて，割引債という同一の資産の単位数に換算した値であるため，足し算することは意味をなす．

また，割引債の方は，恒等的に $B_t^\gamma = 1$ である．

ニュメレール N_t に関する EMM である Q を求めよう．二項モデルでの測度 Q を定めるには，最初の t 個が $\omega_1 \ldots \omega_t$ であるという条件のもとで ω_{t+1} が 0 である確率

$$q(\omega_1\omega_2\ldots\omega_t) = Q(A_{\omega_1\ldots\omega_t 0}|A_{\omega_1\ldots\omega_t})$$

を求めれば十分である．

さて，EMM の定義により，S_t^γ が Q-マルチンゲールであればよい．

$$E^Q[S_{t+1}^\gamma|\mathcal{F}_t] = E^Q\left[\frac{S_{t+1}}{N_{t+1}} + \sum_{j=0}^{t+1}\frac{\delta_j}{N_j}\Big|\mathcal{F}_t\right]$$
$$= E^Q\left[\frac{S_{t+1}+\delta_{t+1}}{N_{t+1}}\Big|\mathcal{F}_t\right] + \sum_{j=0}^{t}\frac{\delta_j}{N_j},$$

したがって，

$$E^Q\left[\frac{S_{t+1}+\delta_{t+1}}{N_{t+1}}\Big|\mathcal{F}_t\right] = \frac{S_t}{N_t},\ t=0,1,\ldots,T-1$$

となることが必要十分である．ここでは $N_t = (1+r)^{-(T-t)}$, $t=0,1,\ldots,T$ なので，

$$E^Q\left[\frac{S_{t+1}+\delta_{t+1}}{1+r}\Big|\mathcal{F}_t\right] = S_t,$$

すなわち，

$$S_t(\omega_1\ldots\omega_t) = q(\omega_1\ldots\omega_t)\frac{S_{t+1}(\omega_1\ldots\omega_t 0)+\delta_{t+1}(\omega_1\ldots\omega_t 0)}{1+r}$$
$$+(1-q(\omega_1\ldots\omega_t))\frac{S_{t+1}(\omega_1\ldots\omega_t 1)+\delta_{t+1}(\omega_1\ldots\omega_t 1)}{1+r}$$

であればよい．前項と同じ記号を用いると，

$$1 = q(\omega_1\ldots\omega_t)\frac{u_t^{(0)}(\omega_1\ldots\omega_t)}{1+r} + (1-q(\omega_1\ldots\omega_t))\frac{u_t^{(1)}(\omega_1\ldots\omega_t)}{1+r}$$

となる．$u_t^{(0)}(\omega_1\ldots\omega_t) \neq u_t^{(1)}(\omega_1\ldots\omega_t)$ であれば，

$$q(\omega_1\ldots\omega_t) = \frac{1+r-u_t^{(1)}(\omega_1\ldots\omega_t)}{u_t^{(0)}(\omega_1\ldots\omega_t) - u_t^{(1)}(\omega_1\ldots\omega_t)}$$

が求めるものである．

注意 2.3.4 $u_t^{(0)}(\omega_1\ldots\omega_t) = u_t^{(1)}(\omega_1\ldots\omega_t)$ の場合は，注意 2.3.1 と同様である．すなわち，$u_t^{(0)} \neq 1+r$ ならばマルチンゲール測度は存在せず，注意 2.3.1 で述べたように裁定機会が存在する．また，$u_t^{(0)} = u_t^{(1)} = 1+r$ ならば，

$$\frac{S_t(\omega_1\ldots\omega_t)}{N_t} = \frac{S_{t+1}(\omega_1\ldots\omega_t 0) + \delta_{t+1}(\omega_1\ldots\omega_t 0)}{N_{t+1}}$$
$$= \frac{S_{t+1}(\omega_1\ldots\omega_t 1) + \delta_{t+1}(\omega_1\ldots\omega_t 1)}{N_{t+1}}$$

となり,$q(\omega_1\ldots\omega_t)$ の値によらず,G_t^η は Q-マルチンゲールの性質を満たす.すなわち,$0<q<1$ でさえあれば Q は EMM であることから,EMM は無限に存在する.

完備性

前項でみたように,状態価格デフレーターが定数倍を除き一意となるための必要十分条件,および,N_t をニュメレールとする EMM が一意となるための必要十分条件は,ともに,$u_t^{(0)}(\omega_1\ldots\omega_t) \neq u_t^{(1)}(\omega_1\ldots\omega_t)$,$t=0,1,\ldots,T-1$ であった.この条件は,$S_t(0) + \delta_t(0) \neq S_t(1) + \delta_t(1)$,$t=0,1,2,\ldots,T-1$ と同値である.このとき,完備であることを確かめよう.

任意の $x \in L$ に対して,$\delta_t^\theta = x_t$,$t=1,2,\ldots,T$ となる $\theta \in L_{\text{pre}}^2$ を構築しよう.ただし,θ_t^1 と θ_t^2 をそれぞれ,時刻 t の取引直前の株の保有数,割引債の保有数とする.

まず最後の時刻 T において考えよう.時刻 $T-1$ での状態が $\omega_1\omega_2\ldots\omega_{T-1}$ であるとする.$T-1$ での取引によって,株を $\theta_t^1(\omega_1\ldots\omega_{T-1})$ 株と債券を $\theta_t^2(\omega_1\ldots\omega_{T-1})$ 単位保有したとする.このとき時刻 T では $\omega_T = 0$ の場合と $\omega_T = 1$ の場合の 2 通りがあり,それぞれ,

$$\delta_T^\theta(\omega_1\ldots\omega_{T-1}0)$$
$$= \theta_T^1(\omega_1\ldots\omega_{T-1})\{S_T(\omega_1\ldots\omega_{T-1}0) + \delta_T(\omega_1\ldots\omega_{T-1}0)\}$$
$$\quad + \theta_T^2(\omega_1\ldots\omega_{T-1}),$$
$$\delta_T^\theta(\omega_1\ldots\omega_{T-1}1)$$
$$= \theta_T^1(\omega_1\ldots\omega_{T-1})\{S_T(\omega_1\ldots\omega_{T-1}1) + \delta_T(\omega_1\ldots\omega_{T-1}1)\}$$
$$\quad + \theta_T^2(\omega_1\ldots\omega_{T-1})$$

となる.どちらの場合も $\delta_T^\theta = x_T$ を満たすようにするためには,左辺をそれぞれ $x_T(\omega_1\ldots\omega_{T-1}0)$,$x_T(\omega_1\ldots\omega_{T-1}1)$ とおいて,連立方程式として $\theta_T^1(\omega_1\ldots\omega_{T-1})$,$\theta_T^2(\omega_1\ldots\omega_{T-1})$ について解くことにより,

$$\theta_T^1 = \frac{x_T(0) - x_T(1)}{(S_T(0) + \delta_T(0)) - (S_T(1) + \delta_T(1))},$$

$$\theta_T^2 = -\frac{x_T(0)(S_T(1) + \delta_T(1)) - x_T(1)(S_T(0) + \delta_T(0))}{(S_T(0) + \delta_T(0)) - (S_T(1) + \delta_T(1))}$$

とすればよいことがわかる.なお $\omega_1 \ldots \omega_{T-1}$ を省略して記した.

T 以前の t における θ_t については,t に関して逆向きに,帰納的に求めていく.$\theta_T, \theta_{T-1}, \ldots, \theta_{t+1}$ まですべての状態 ω について求まったとして,θ_t を求めよう.時刻 $t-1$ での状態が $\omega_1 \ldots \omega_{t-1}$ であるとして,$t-1$ での取引後の株と債券のそれぞれの保有数 $\theta_t^1(\omega_1 \ldots \omega_{t-1})$,$\theta_t^2(\omega_1 \ldots \omega_{t-1})$ は,t での状態によらず $\delta_t^\theta = x_t$ を満たすためには,δ_t^θ の定義から次の2式を満たせばよい.

$$\begin{aligned}&x_t(\omega_1 \ldots \omega_{t-1} 0)\\ &= \theta_t^1(\omega_1 \ldots \omega_{t-1})(S_t(\omega_1 \ldots \omega_{t-1} 0) + \delta_t(\omega_1 \ldots \omega_{t-1} 0))\\ &\qquad - \theta_{t+1}^1 S_t(\omega_1 \ldots \omega_{t-1} 0) + \theta_t^2(\omega_1 \ldots \omega_{t-1}) B_t - \theta_{t+1}^2 B_t,\\ &x_t(\omega_1 \ldots \omega_{t-1} 1)\\ &= \theta_t^1(\omega_1 \ldots \omega_{t-1})(S_t(\omega_1 \ldots \omega_{t-1} 1) + \delta_t(\omega_1 \ldots \omega_{t-1} 1))\\ &\qquad - \theta_{t+1}^1 S_t(\omega_1 \ldots \omega_{t-1} 1) + \theta_t^2(\omega_1 \ldots \omega_{t-1}) B_t - \theta_{t+1}^2 B_t.\end{aligned}$$

これを連立方程式として解くことによって,

$$\begin{aligned}\theta_t^1 &= \frac{\{x_t(0) + \theta_{t+1}^1 S_t(0) + \theta_{t+1}^2 B_t(0)\}}{(S_t(0) + \delta_t(0)) - (S_t(1) + \delta_t(1))}\\ &\quad - \frac{\{x_t(1) + \theta_{t+1}^1 S_t(1) + \theta_{t+1}^2 B_t(1)\}}{(S_t(0) + \delta_t(0)) - (S_t(1) + \delta_t(1))},\\ \theta_t^2 &= -\frac{\{x_t(0) + \theta_{t+1}^1 S_t(0) + \theta_{t+1}^2 B_t(0)\}(S_t(1) + \delta_t(1))}{(S_t(0) + \delta_t(0)) - (S_t(1) + \delta_t(1))}\\ &\quad + \frac{\{x_t(1) + \theta_{t+1}^1 S_t(1) + \theta_{t+1}^2 B_t(1)\}(S_t(0) + \delta_t(0))}{(S_t(0) + \delta_t(0)) - (S_t(1) + \delta_t(1))}\end{aligned}$$

を得る.

債券以外のニュメレール

モデルの設定はこれまでと同じとし,さらに $\delta_t \geqq 0$,$S_t > 0$,$t = 0, 1, \ldots, T$ とする[10].

---

10) 通常の株式では倒産の可能性がない限りこれは満たされると考えられる.

時刻 0 において資金 S_0 があるとして，次の戦略 $\nu_t \in L_{\text{pre}}$ を考えよう．
$\nu_0 = 0$ とし，

$$\nu_t = 1 + \sum_{k=1}^{t-1} \frac{\nu_k \delta_k}{S_k}, \quad t = 1, 2, \ldots, T$$

とする．このとき，

$$\nu_{t+1} = \nu_t + \frac{\nu_t \delta_t}{S_t}$$

であり，これは，時刻 0 に株式 1 単位を保有し，それ以降は，得られた配当をすべて同じ株式に再投資するという戦略に相当する．すなわち，この戦略からの実質的な配当は，

$$\delta_t^\nu = 0, \quad t = 1, 2, \ldots, T-1$$

である．ここで，冒頭の仮定により $\nu_{t+1} S_t = \nu_t \delta_t + \nu_t S_t > 0$, $t = 1, 2, \ldots, T-1$ かつ $\delta_T^\nu = \nu_T \delta_T + \nu_T S_T > 0$ であるため，この戦略 ν から得られるポートフォリオ価格過程はニュメレールの条件を満たす．すなわち，

$$\hat{N}_t = \begin{cases} \nu_{t+1} S_t = \nu_t(\delta_t + S_t), & t = 0, 1, \ldots, T-1 \\ \delta_T^\nu = \nu_T(\delta_T + S_T), & t = T \end{cases}$$

とおくと $\hat{N}_t$ はニュメレールである．

$\hat{N}_t$ に関する EMM である $\hat{Q}$ を求めよう．$\hat{N}_t^{-1}$ をデフレーターとする，過去の配当も含めた証券の現在価値を $G^{\hat{N}^{-1}} = (S_t^{\hat{N}^{-1}}, B_t^{\hat{N}^{-1}}) \in L^2$ と記すことにする．

まず株式の方は，

$$\frac{S_{t+1} + \delta_{t+1}}{\hat{N}_{t+1}} = \frac{S_{t+1} + \delta_{t+1}}{\nu_{t+1}(\delta_{t+1} + S_{t+1})} = \frac{1}{\nu_{t+1}} = \frac{S_t}{\nu_{t+1} S_t} = \frac{S_t}{\hat{N}_t}$$

なので，$t = 0, 1, \ldots, T-1$ について

$$S_{t+1}^{\hat{N}^{-1}} = \frac{S_{t+1}}{\hat{N}_{t+1}} + \sum_{j=0}^{t+1} \frac{\delta_j}{\hat{N}_j} = \frac{S_{t+1} + \delta_{t+1}}{\hat{N}_{t+1}} + \sum_{j=0}^{t} \frac{\delta_j}{\hat{N}_j} = \frac{S_t}{\hat{N}_t} + \sum_{j=0}^{t} \frac{\delta_j}{\hat{N}_j} = \tilde{S}_t^{\hat{N}^{-1}}$$

となり，$S_t^{\hat{N}^{-1}}$ は定数であることがわかる．

一方，債券の方は，$t = 0, 1, \ldots, T-1$ について

$$B_{t+1}^{\hat{N}^{-1}} = \frac{(1+r)^{-(T-(t+1))}}{\hat{N}_{t+1}} = B_t^{\hat{N}^{-1}} \frac{(1+r)\hat{N}_t}{\hat{N}_{t+1}} = B_t^{\hat{N}^{-1}} \frac{(1+r)S_t}{\delta_{t+1} + S_{t+1}}$$

となる．したがって，$B_t^{\hat{N}^{-1}}$ がマルチンゲールとなるような確率測度 $\hat{Q}$ が存在するためには，$E^{\hat{Q}} \left[\frac{(1+r)S_t}{\delta_{t+1} + S_{t+1}} \Big| \mathcal{F}_t \right] = 1$, $t = 0, \ldots, T-1$ となることが必要十分である．すなわち，$\hat{q} = \hat{Q}(A_{\omega_1 \ldots \omega_t 0} | A_{\omega_1 \ldots \omega_t})$ とおくとき，

$$\begin{aligned}
1 &= \hat{q}(\omega_1 \ldots \omega_t) \frac{(1+r)S_t(\omega_1 \ldots \omega_t)}{S_{t+1}(\omega_1 \ldots \omega_t 0) + \delta_{t+1}(\omega_1 \ldots \omega_t 0)} \\
&\quad + (1 - \hat{q}(\omega_1 \ldots \omega_t)) \frac{(1+r)S_t(\omega_1 \ldots \omega_t)}{S_{t+1}(\omega_1 \ldots \omega_t 1) + \delta_{t+1}(\omega_1 \ldots \omega_t 1)} \\
&= \hat{q}(\omega_1 \ldots \omega_t) \frac{1+r}{u_t^{(0)}(\omega_1 \ldots \omega_t)} + (1 - \hat{q}(\omega_1 \ldots \omega_t)) \frac{1+r}{u_t^{(1)}(\omega_1 \ldots \omega_t)}
\end{aligned}$$

であればよい．これを $\hat{q}(\omega_1 \ldots \omega_t)$ について解くと，

$$\hat{q}(\omega_1 \ldots \omega_t) = \frac{1 + r - u_t^{(1)}(\omega_1 \ldots \omega_t)}{u_t^{(0)}(\omega_1 \ldots \omega_t) - u_t^{(1)}(\omega_1 \ldots \omega_t)} \frac{u_t^{(0)}(\omega_1 \ldots \omega_t)}{1 + r}$$

となる．

2.3.2　Ho-Lee モデル

確率空間については，2.3.1項と同じとする．

市場で取引可能な証券は，各 $t = 1, 2, \ldots, T$ を満期とする割引債のみとする．すなわち，2.1節での記述に対応させると，証券の数は $d = T$ となる．満期 k の割引債は時刻 k でのみ配当 1 が支払われて契約が終了する．すなわち，時刻 k 以降はこの証券自体が消滅するので，価格は 0 であると考える．したがって，各証券の配当過程 $\delta = (\delta^1, \ldots, \delta^T) \in L^T$，および価格過程 $B = (B^1, \ldots, B^T) \in L^T$ は以下の通りである．

$$\delta_t^k = \begin{cases} 1, & t = k \\ 0, & t \neq k \end{cases}$$

$$B_t^k \begin{cases} > 0, & t < k \\ = 0, & t \geqq k \end{cases}$$

次のような戦略 $\nu = (\nu^1, \ldots, \nu^T) \in L_{\mathrm{pre}}^T$ を考え，このポートフォリオの時刻 t における価値を N_t とおく．

$$\nu_1^k = \begin{cases} \frac{1}{B_0^1}, & k = 1 \\ 0, & k \neq 1 \end{cases}$$

$$\nu_t^k = \begin{cases} \frac{\nu_{t-1}^{t-1}}{B_{t-1}^t}, & k = t \\ 0, & k \neq t \end{cases}, \quad t = 2, 3, \ldots, T$$

これは，時刻 0 に 1 円で始めて全額を B^1 に投資し，それ以降の各時刻 t において，ポートフォリオ価値全額を次の時刻 $t+1$ に満期となる割引債に投資し，時刻 $t+1$ になれば保有債券が満期となり保有数分の配当を受けとるという戦略である．したがって，時刻 $t+1$ でポートフォリオ価値が ν_t^t となることは，時刻 t での取引時点ですでにわかっている．すなわち，

$$N_t = \nu_t^t = \frac{\nu_{t-1}^{t-1}}{B_{t-1}^t}$$

となる．この N は，ニュメレールの要件を満たしている．N_t に関する EMM を Q とすると，すべての $t = 0, 1, \ldots, T$ に対し，

$$\frac{B_t^k}{N_t} = E^Q\left[\frac{B_{t+1}^k + \delta_{t+1}^k}{N_{t+1}}\bigg|\mathcal{F}_t\right], \quad k = t+1, \ldots, T$$

を満たさなければならない．N_t の定義から，この条件は，

$$\frac{B_t^k}{\nu_t^t} = E^Q\left[\frac{B_{t+1}^k + \delta_{t+1}^k}{\frac{\nu_t^t}{B_t^{t+1}}}\bigg|\mathcal{F}_t\right], \quad k = t+1, \ldots, T$$

と書き換えられ，したがって，

$$E^Q\left[B_{t+1}^k\big|\mathcal{F}_t\right] = \frac{B_t^k}{B_t^{t+1}} - \delta_{t+1}^k$$

を満たすように，モデルを組み立てればよいことがわかる．$k = t+1$ の場合については，割引債の定義から $B_{t+1}^{t+1} = 0$ かつ $\delta_{t+1}^{t+1} = 1$ なので，上記式は満たされている．したがって，$k = t+2, \ldots, T$ の場合の式について満たせばよい．この場合，$\delta_k^{t+1} = 0$ であることに注意して，さらに $k = t+1+j$ と書き換えることで，

$$E^Q\left[B_{t+1}^{t+1+j}\big|\mathcal{F}_t\right] = \frac{B_t^{t+1+j}}{B_t^{t+1}}, \quad j = 1, 2, \ldots, T-t-1 \qquad (2.6)$$

を満たせばよいことがわかる．

Ho-Lee [15] は，次のような単純なモデルを考えた．

$$q = Q(A_{\omega_1\ldots\omega_t 0}|A_{\omega_1\ldots\omega_t})$$

を時刻や状態によらない定数とし，$u^{(0)}(j), u^{(1)}(j)$ は時刻や状態にはよらない j のみの関数で，

$$qu^{(0)}(j) + (1-q)u^{(1)}(j) = 1 \qquad (2.7)$$

を満たすものとする．

まず，各債券価格の初期値である B_0^k を市場価格情報から取得する．そして，各時刻 t，状態 $\omega = \omega_1\ldots\omega_t$ における割引債価格を次で帰納的に定める．

$$B_{t+1}^{t+1+j}(\omega_1\ldots\omega_t 0) = \frac{B_t^{t+1+j}}{B_t^{t+1}} u^{(0)}(j), \qquad (2.8)$$

$$B_{t+1}^{t+1+j}(\omega_1\ldots\omega_t 1) = \frac{B_t^{t+1+j}}{B_t^{t+1}} u^{(1)}(j). \qquad (2.9)$$

このとき割引債価格は，(2.6) 式を満たす．

さらに計算を簡単にするため，任意の $t = 0, 1, \ldots, T-2$ と $\omega_1\ldots\omega_t$ に対し，

$$B_{t+2}^{t+1+j}(\omega_1\ldots\omega_t 01) = B_{t+2}^{t+1+j}(\omega_1\ldots\omega_t 10)$$

となる（ツリー構造の再結合）ようにモデルを組み立てる．これを価格推移の分岐図として表したのが図 2.2 である．(2.8), (2.9) 式を代入することにより，

$$B_{t+2}^{t+1+j}(\omega_1\ldots\omega_t 01) = \frac{B_{t+1}^{t+1+j}(\omega_1\ldots\omega_t 0)}{B_{t+1}^{t+2}(\omega_1\ldots\omega_t 0)} u^{(1)}(j-1)$$

$$= \frac{\frac{B_t^{t+1+j}(\omega_1\ldots\omega_t)}{B_t^{t+1}(\omega_1\ldots\omega_t)} u^{(0)}(j)}{\frac{B_t^{t+2}(\omega_1\ldots\omega_t)}{B_t^{t+1}(\omega_1\ldots\omega_t)} u^{(0)}(1)} u^{(1)}(j-1).$$

同様に，

$$B_{t+2}^{t+1+j}(\omega_1\ldots\omega_t 10) = \frac{\frac{B_t^{t+1+j}(\omega_1\ldots\omega_t)}{B_t^{t+1}(\omega_1\ldots\omega_t)} u^{(1)}(j)}{\frac{B_t^{t+2}(\omega_1\ldots\omega_t)}{B_t^{t+1}(\omega_1\ldots\omega_t)} u^{(1)}(1)} u^{(0)}(j-1)$$

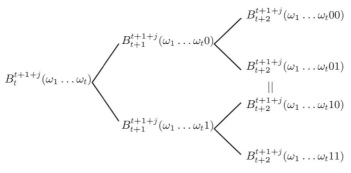

図 2.2 Ho-Lee モデル

となり，
$$\frac{u^{(0)}(j)}{u^{(1)}(j)} = \frac{u^{(0)}(1)}{u^{(1)}(1)} \frac{u^{(0)}(j-1)}{u^{(1)}(j-1)}, \ \ j = 2, \ldots, T$$

を満たすように $u^{(0)}(j), u^{(1)}(j)$ を定めればよいことがわかる．これにより，モデルパラメータとして $\alpha = \dfrac{u^{(0)}(1)}{u^{(1)}(1)}$ を与えれば，帰納的に $\dfrac{u^{(0)}(j)}{u^{(1)}(j)} = \alpha^j$ となり，(2.7) 式とから，

$$u^{(1)}(j) = \frac{1}{q(\alpha^j - 1) + 1},$$
$$u^{(0)}(j) = \frac{\alpha^j}{q(\alpha^j - 1) + 1}$$

を得る．

2.4 無裁定と状態価格デフレーター

以下では一般論にもどる．市場のモデルの設定を，2.1 節に戻そう．戦略 $\theta \in L_{\mathrm{pre}}^d$ に対して，実質的配当 δ^θ は

$$\delta_t^\theta = \theta_t \cdot \delta_t - (\theta_{t+1} - \theta_t) \cdot S_t, \qquad t = 0, \ldots, T$$

で与えられ，デフレーター γ に対し，G_t^γ は (2.1) 式で与えられた．このとき，次が成り立つ．

命題 2.4.1 γ をデフレーターとすると，任意の $\theta \in L_{\mathrm{pre}}$ に対して，

$$\sum_{j=0}^{t}\gamma_j\delta_j^\theta + \gamma_t\theta_{t+1}\cdot S_t = (\theta\cdot G^\gamma)_t \tag{2.10}$$

が成り立つ．ここで

$$(\theta\cdot G^\gamma)_t = \sum_{j=1}^{t}\theta_j\cdot(G_j^\gamma - G_{j-1}^\gamma)$$

である．

証明 $t=0$ の場合は，$\delta_0^\theta = -\theta_1\cdot S_0$ であることから等式は成立する．$t\geqq 1$ について示そう．まず，次の等式に注意しよう．

$$G_j^\gamma - G_{j-1}^\gamma = \gamma_j\delta_j + \gamma_j S_j - \gamma_{j-1}S_{j-1}.$$

したがって，次が成り立つ．

$$\begin{aligned}
&\sum_{j=0}^{t}\gamma_j\delta_j^\theta + \gamma_t\theta_{t+1}\cdot S_t \\
&= \sum_{j=0}^{t}\gamma_j[\theta_j\cdot\delta_j - (\theta_{j+1} - \theta_j)\cdot S_j] + \gamma_t\theta_{t+1}\cdot S_t \\
&= \sum_{j=0}^{t}\theta_j\cdot(\gamma_j\delta_j + \gamma_j S_j) - \sum_{j=0}^{t-1}\theta_{j+1}\cdot\gamma_j S_j \\
&= \sum_{j=1}^{t}\theta_j\cdot(\gamma_j\delta_j + \gamma_j S_j - \gamma_{j-1}S_{j-1}) \\
&= \sum_{j=1}^{t}\theta_j\cdot(G_j^\gamma - G_{j-1}^\gamma).
\end{aligned}$$

■

とくに，$t=T$ の場合，$\theta_{T+1}=0$ であることから次が成り立つ．

系 2.4.2

$$\sum_{j=0}^{T}\gamma_j\delta_j^\theta = (\theta\cdot G^\gamma)_T$$

である．

ここで，状態価格デフレーターの定義（定義 2.2.4）を思い出してもらいたい．

命題 2.4.3 π をデフレーターとする．以下の 2 条件は同値である．
(1) π が状態価格デフレーターである．
(2) $\{G_t^\pi\}_{t=0}^T$ が $\mathcal{F}_t$-P-マルチンゲールである．すなわち

$$G_{t-1}^\pi = E[G_t^\pi | \mathcal{F}_{t-1}], \quad t = 1, \ldots, T$$

を満たす．

証明 G_t^π の定義により，次が成り立つ．

$$G_T^\pi - G_t^\pi = \sum_{j=t+1}^T \pi_j \delta_j + \pi_T S_T - \pi_t S_t.$$

したがって，条件付き期待値の性質より，

$$\begin{aligned}
& G_{t-1}^\pi = E[G_t^\pi | \mathcal{F}_{t-1}], \quad t = 1, \ldots, T \\
\iff & G_t^\pi = E[G_T^\pi | \mathcal{F}_t], \quad t = 0, \ldots, T \\
\iff & E[G_T^\pi - G_t^\pi | \mathcal{F}_t] = 0, \quad t = 0, \ldots, T \\
\iff & E\left[\sum_{j=t+1}^T \pi_j \delta_j + \pi_T S_T - \pi_t S_t \Big| \mathcal{F}_t\right] = 0, \quad t = 0, \ldots, T \\
\iff & \pi_t S_t = E\left[\sum_{j=t+1}^T \pi_j \delta_j + \pi_T S_T \Big| \mathcal{F}_t\right] = 0, \quad t = 0, \ldots, T.
\end{aligned}$$

よって命題を得る． ∎

定理 2.4.4 π をデフレーターとする．π が状態価格デフレーターであることは，任意の $\theta \in L_{\text{pre}}^d$ に対して

$$E\left[\sum_{t=0}^T \pi_t \delta_t^\theta\right] = 0$$

が成立することと同値である．

証明

$$E\left[\sum_{t=0}^{T} \pi_t \delta_t^\theta\right] = E\left[(\theta \cdot G^\pi)_T\right] = E\left[\sum_{t=1}^{T} \theta_t \cdot (G_t^\pi - G_{t-1}^\pi)\right]$$
$$= \sum_{t=1}^{T} E[\theta_t \cdot (E[G_t^\pi | \mathcal{F}_{t-1}] - G_{t-1}^\pi)]$$

であることに注意すると

$$\text{すべての } \theta \in L_{\text{pre}}^d \text{ に対して } E\left[\sum_{t=0}^{T} \pi_t \delta_t^\theta\right] = 0$$
$$\iff E[G_t^\pi | \mathcal{F}_{t-1}] - G_{t-1}^\pi = 0, \quad t = 1, \ldots, T$$

であることがわかる．よって定理を得る． ∎

上の定理 2.4.4 の明らかな系として次の結果を得る．

系 2.4.5 π をデフレーターとする．このとき，π が状態価格デフレーターであることは，任意の $\theta \in L^d$ に対して

$$-\delta_0^\theta = \pi_0^{-1} E\left[\sum_{t=1}^{T} \pi_t \delta_t^\theta\right]$$

であることと同値である．

系 2.4.5 の等式の左辺は時刻 0 において戦略 θ を構築するために必要な資金額の π による割引価値を表し，右辺は時刻 1 以降終末時刻 T までの実質的配当の π による割引価値合計の期待値を表している．

定理 2.4.6（定理 2.2.5 再掲，ファイナンスの第 1 基本定理） 無裁定であることの必要十分条件は，状態価格デフレーターが存在することである．

証明 まず，状態価格デフレーターが存在するならば無裁定であることを示す．π を状態価格デフレーターとし，$\tilde{\theta}$ を裁定取引をもつ戦略とする．このとき，

$$\delta^{\tilde{\theta}} \in L_+ \quad \text{かつ} \quad \delta^{\tilde{\theta}} \not\equiv 0.$$

したがって，

$$E\left[\sum_{t=0}^{T}\pi_t\delta_t^{\tilde{\theta}}\right]>0$$

となる.これは定理 2.4.4 に矛盾する.よって裁定取引をもつ戦略は存在しない.

次に無裁定であれば状態価格デフレーターが存在することを示す.まず,Ω が有限集合であり時刻も有限なので,適合過程全体である L は有限次元ベクトル空間をなし,$l, l' \in L$ に対して $l \cdot l' = E[\sum_{t=0}^{T} l_t l'_t]$ は L の内積である.ここで,

$$V = \{\delta^\theta;\ \theta \in L_{\mathrm{pre}}^d\} \subset L$$

とおく.$\theta, \theta' \in L_{\mathrm{pre}}^d$ と実数 a, b に対し $a\delta^\theta + b\delta^{\theta'} = \delta^{a\theta+b\theta'}$ であることから V は L 内の部分ベクトル空間である.さらに,無裁定の定義を言い換えると,$V \cap L_+ = \{0\}$ ということになる.

よって凸集合の分離定理(定理 A.2.6)より,あるベクトル $\pi \in L_+$ が存在して,任意の $v \in V$ に対して $\pi \cdot v = 0$ を満たす.このことから,任意の $x \in L_+ \setminus \{0\}$ に対して $E[\sum_{t=0}^T \pi_t x_t] > 0$ が成り立つこととなり,$\pi_t > 0, t = 0, 1, \ldots, T$,すなわち π はデフレーターであることがいえる.また,任意の $\theta \in L_{\mathrm{pre}}^d$ に対し $E[\sum_{t=0}^T \pi_t \delta_t^\theta] = 0$ であることから,定理 2.4.4 より,π は状態価格デフレーターである. ∎

2.5 無裁定と EMM

ニュメレールの定義(定義 2.2.7)を思い出してもらいたい.

命題 2.5.1 N が定義 2.2.7 の (1) を満たすとする.このとき,すべての状態価格デフレーター π に対して

$$N_t = \pi_t^{-1} E[\pi_T N_T | \mathcal{F}_t], \quad t = 0, 1, \ldots, T$$

が成り立つ.とくに,$\delta_T^{\tilde{\theta}} > 0$ であり,かつ無裁定であれば,N はニュメレールである.

証明 π を状態価格デフレーターとする.命題 2.4.1 より,

$$\sum_{j=0}^{t} \pi_j \delta_j^{\tilde{\theta}} + \pi_t \tilde{\theta}_{t+1} \cdot S_t = (\tilde{\theta} \cdot G^\pi)_t, \quad t = 0, 1, \ldots, T$$

を得る.ここで $\tilde{\theta}$ が自己充足的であることから,$\delta_j^{\tilde{\theta}} = 0$, $j = 1, \ldots, T-1$ である.また,$\tilde{\theta}_{t+1} \cdot S_t = N_t$, $t < T$ であり,$\delta_T^{\tilde{\theta}} = N_T$ かつ $\tilde{\theta}_{T+1} = 0$ なので,上記式は

$$\pi_t N_t = (\tilde{\theta} \cdot G^\pi)_t - \pi_0 \delta_0^{\tilde{\theta}}, \qquad t = 0, \ldots, T$$

となる.命題 2.4.3 より G_t^π は P-マルチンゲールなので,$(\tilde{\theta} \cdot G^\pi)_t$ も P-マルチンゲールとなり,したがって,$\pi_t N_t$ は P-マルチンゲールとなるので,

$$E[\pi_T N_T | \mathcal{F}_t] = \pi_t N_t$$

を得る.とくに,無裁定であれば状態価格デフレーターが存在するので,それを π とし,さらに,$\delta_T^{\tilde{\theta}} > 0$ であれば,

$$N_t = \pi_t^{-1} E[\pi_T N_T | \mathcal{F}_t] = \pi_t^{-1} E[\pi_T \delta_T^{\tilde{\theta}} | \mathcal{F}_t] > 0, \qquad t = 0, \ldots, T$$

となることから,N はニュメレールである.■

任意のニュメレール N とデフレーター γ に対し,Ω 上の確率測度 $Q = Q^{(N,\gamma)}$ を

$$Q(A) = E[\gamma_T N_T]^{-1} E[\gamma_T N_T, A], \qquad A \in \mathcal{F}$$

で定める.すなわち $\dfrac{dQ}{dP} = E[\gamma_T N_T]^{-1} \gamma_T N_T$ とおく[11].

定理 2.5.2 N はニュメレール,γ はデフレーターであるとする.このとき,次の 2 条件は同値である.
 (1) γ が状態価格デフレーターである.
 (2) すべての $t = 1, \ldots, T$ に対して

$$\gamma_t N_t = E[\gamma_T N_T | \mathcal{F}_t]$$

かつ

$$G_{t-1}^{N^{-1}} = E^Q[G_t^{N^{-1}} | \mathcal{F}_{t-1}]$$

が成り立つ.ここで $Q = Q^{(N,\gamma)}$ である.

---

[11] $\dfrac{dQ}{dP}$ の表記については,付録の定理 B.1.6 およびそれに続く記述を参照されたい.

証明 $\rho_t = E[\gamma_T N_T | \mathcal{F}_t]$, $t = 0, 1, \ldots, T$ とおくと,

$$E^Q[X|\mathcal{F}_t] = \rho_t^{-1} E[\rho_T X | \mathcal{F}_t]$$

である. γ が状態価格デフレーターであれば (2) の前半の条件が成立することは, 命題 2.5.1 の証明の中ですでにみた. したがって, (2) の前半の条件を仮定したときに, γ が状態価格デフレーターであることと $G_t^{N^{-1}}$ が Q-マルチンゲールであることとの同値性を示せば十分である.

デフレーター γ が (2) の前半の条件を満たすと仮定すると $\rho_t = \gamma_t N_t$ でもある.

$$G_t^{N^{-1}} - G_{t-1}^{N^{-1}} = N_t^{-1}(\delta_t + S_t) - N_{t-1}^{-1} S_{t-1}$$

であることに注意して,

$$\begin{aligned}
&E^Q[G_t^{N^{-1}} - G_{t-1}^{N^{-1}} | \mathcal{F}_{t-1}] \\
&= \rho_{t-1}^{-1} E[\rho_T \{N_t^{-1}(\delta_t + S_t) - N_{t-1}^{-1} S_{t-1}\} | \mathcal{F}_{t-1}] \\
&= \rho_{t-1}^{-1} \{E[E[\rho_T|\mathcal{F}_t] N_t^{-1}(\delta_t + S_t) | \mathcal{F}_{t-1}] - E[\rho_T|\mathcal{F}_{t-1}] N_{t-1}^{-1} S_{t-1}\} \\
&= \rho_{t-1}^{-1} \{E[\rho_t N_t^{-1}(\delta_t + S_t) | \mathcal{F}_{t-1}] - \rho_{t-1} N_{t-1}^{-1} S_{t-1}\} \\
&= \rho_{t-1}^{-1} \{E[\gamma_t(\delta_t + S_t) | \mathcal{F}_{t-1}] - \gamma_{t-1} S_{t-1}\} \\
&= \rho_{t-1}^{-1} E[G_t^\gamma - G_{t-1}^\gamma | \mathcal{F}_{t-1}]
\end{aligned}$$

となる. よって,

$$\begin{aligned}
& E^Q[G_t^{N^{-1}} | \mathcal{F}_{t-1}] = G_{t-1}^{N^{-1}}, \qquad t = 1, \ldots, T \\
\Longleftrightarrow\ & E[G_t^\gamma | \mathcal{F}_{t-1}] = G_{t-1}^\gamma, \qquad t = 1, \ldots, T \\
\Longleftrightarrow\ & \gamma \text{ が状態価格デフレーター}
\end{aligned}$$

となる. ∎

系 2.5.3 市場のモデルは無裁定とし, π を状態価格デフレータとする. 2 つのニュメレール N と N' に対し, 定理 2.5.2 より,

$$Q^{(N,\pi)}(A) = (\pi_0 N_0)^{-1} E[\pi_T N_T, A], \qquad A \in \mathcal{F},$$

$$Q^{(N',\pi)}(A) = (\pi_0 N_0')^{-1} E[\pi_T N_T', A], \qquad A \in \mathcal{F}$$

となる．任意の $A \in \mathcal{F}$ に対し

$$\begin{aligned}
Q^{(N,\pi)}(A) &= E\left[(\pi_0 N_0)^{-1} \pi_T N_T 1_A\right] \\
&= E\left[(\pi_0 N_0')^{-1} \pi_T N_T' \frac{N_T}{N_0} \left(\frac{N_T'}{N_0'}\right)^{-1} 1_A\right] \\
&= E^{Q^{(N',\pi)}}\left[\frac{N_T}{N_0} \left(\frac{N_T'}{N_0'}\right)^{-1} 1_A\right]
\end{aligned}$$

を得る．よって，

$$\frac{dQ^{(N,\pi)}}{dQ^{(N',\pi)}} = \frac{N_T}{N_0} \left(\frac{N_T'}{N_0'}\right)^{-1}$$

である．また，$\left.\dfrac{dQ^{(N,\pi)}}{dQ^{(N',\pi)}}\right|_{\mathcal{F}_t} = \dfrac{N_t}{N_0} \left(\dfrac{N_t'}{N_0'}\right)^{-1}$ である．

確率測度 Q が N に関する EMM であることの定義，すなわち定義 2.2.9 を思い出そう．

定理 2.5.4 N をニュメレールとすると，次が成り立つ．
(1) π が状態価格デフレーターであれば，$Q^{(N,\pi)}$ は N に関して EMM である．
(2) $\tilde{Q}$ が N に関して EMM ならば

$$Z(\omega) = \frac{\tilde{Q}(\{\omega\})}{P(\{\omega\})}, \qquad \omega \in \Omega,$$

$$\pi_t = N_t^{-1} E[Z|\mathcal{F}_t], \quad t = 0, 1, \ldots, T$$

とおくと，π は状態価格デフレーターであり，$\tilde{Q}|_{\mathcal{F}_T} = Q^{(N,\pi)}|_{\mathcal{F}_T}$ である．

証明 最初の主張 (1) は定理 2.5.2 より明らか．よって主張 (2) を証明する．$\tilde{Q}$ が N に関する EMM であるとする．π の定義より，$E[N_T \pi_T] = E[Z] = 1$ である．$Q = Q^{(N,\pi)}$ とおくと

$$\begin{aligned}
Q(A) &= E[N_T \pi_T]^{-1} E[N_T \pi_T, A] \\
&= E[N_T \pi_T, A] \\
&= E[E[Z|\mathcal{F}_T], A]
\end{aligned}$$

$$= E[Z, A]$$
$$= \tilde{Q}(A), \qquad A \in \mathcal{F}_T.$$

したがって，$Q|_{\mathcal{F}_T} = \tilde{Q}|_{\mathcal{F}_T}$ である．また

$$\pi_t N_t = E[Z|\mathcal{F}_t] = E[E[Z|\mathcal{F}_T]|\mathcal{F}_t] = E[\pi_T N_T|\mathcal{F}_t]$$

であり，

$$E^Q[G_t^{N^{-1}}|\mathcal{F}_{t-1}] = E^{\tilde{Q}}[G_t^{N^{-1}}|\mathcal{F}_{t-1}] = G_{t-1}^{N^{-1}}$$

である．よって，定理 2.5.2 より π は状態価格デフレーターであることがわかる． ∎

定理 2.4.6, 2.5.2 より次の定理を得る．

定理 2.5.5 N をニュメレールとする．このとき，無裁定であることは N に関する EMM が存在することと同値である．

定理 2.5.6 N をニュメレール，$\tilde{\theta} \in L_{\mathrm{pre}}^d$ を定義 2.2.7(1) を満たす自己充足的戦略とする．任意の $\theta \in L_{\mathrm{pre}}^d$, $\alpha \in L_{\mathrm{pre}}$ に対して，$\theta' \in L_{\mathrm{pre}}^d$ を $\theta'_t = \theta_t - \alpha_t \tilde{\theta}_t$ で定めれば，

$$\delta_t^{\theta'} = \begin{cases} \delta_t^\theta + (\alpha_{t+1} - \alpha_t) N_t, & t = 0, 1, \dots, T-1, \\ \delta_T^\theta - \alpha_T N_T, & t = T \end{cases}$$

かつ

$$(\theta' \cdot G^{N^{-1}})_t = (\theta \cdot G^{N^{-1}})_t, \qquad t = 0, 1, \dots, T$$

となる．

証明 容易な計算により

$$\delta_t^{\theta'} = \theta'_t \cdot (\delta_t + S_t) - \theta'_{t+1} \cdot S_t$$
$$= \delta_t^\theta - \alpha_t \tilde{\theta}_t \cdot (\delta_t + S_t) + \alpha_{t+1} \tilde{\theta}_{t+1} \cdot S_t$$
$$= \delta_t^\theta - \alpha_t \delta_t^{\tilde{\theta}} + (\alpha_{t+1} - \alpha_t) \tilde{\theta}_{t+1} \cdot S_t$$

を得る．これと N の定義より最初の主張を得る．

次に，N の定義より

$$(\tilde{\theta} \cdot G^{N^{-1}})_t = \sum_{k=0}^{t} N_k^{-1} \delta_k^{\tilde{\theta}} + N_t^{-1} \tilde{\theta}_{t+1} \cdot S_t$$
$$= N_0^{-1} \delta_0^{\tilde{\theta}} + 1, \qquad t = 0, 1, \ldots, T$$

となり，$(\tilde{\theta} \cdot G^{N^{-1}})_t$ は定数となる．Q を N に関する EMM とすると，$E^Q[(\tilde{\theta} \cdot G^{N^{-1}})_t] = 0$ となるので $(\tilde{\theta} \cdot G^{N^{-1}})_t = 0$ がわかる．とくに，

$$\tilde{\theta}_t \cdot (G_t^{N^{-1}} - G_{t-1}^{N^{-1}}) = 0$$

を得る．よって

$$\alpha_t \tilde{\theta}_t \cdot (G_t^{N^{-1}} - G_{t-1}^{N^{-1}}) = 0, \qquad t = 1, \ldots, T$$

となる．これより後半の主張を得る．■

定理 2.5.7 N をニュメレールとする．任意の戦略 $\theta \in L_{\text{pre}}^d$ および定数 $c \in \mathbf{R}$ に対して，

$$(\theta' \cdot G^{N^{-1}})_t = (\theta \cdot G^{N^{-1}})_t, \qquad t = 0, 1, \ldots, T$$

かつ $\delta_0^{\theta'} = c$ を満たす自己充足的戦略 $\theta' \in L_{\text{pre}}^d$ が存在する．

証明 前の定理で

$$\alpha_{t+1} = N_0^{-1} c - \sum_{j=0}^{t} N_j^{-1} \delta_t^{\theta}, \quad t = 0, 1, \ldots, T$$

とおけばよい．■

2.6 モデルの完備性

市場のモデルが完備であることの定義は，定義 2.2.12 で与えた通りであり，任意のデリバティブに対してそれを複製するポートフォリオ戦略が存在することを意味する．

定理 2.6.1 モデルが無裁定と仮定し，N はニュメレールとする．このとき，次は同値である．

(1) モデルが完備である.
(2) 任意の $\mathcal{F}_T$-可測な確率変数 Y に対して
$$Y = c + (\theta \cdot G^{N^{-1}})_T$$
を満たす $\theta \in L_{\mathrm{pre}}^d$ と $c \in \mathbf{R}$ が存在する.

証明 (1)⇒(2):完備であると仮定する.このとき,任意の $\mathcal{F}_T$-可測な確率変数 Y に対して $\theta \in L_{\mathrm{pre}}^d$ で
$$\delta_t^\theta = 0, \quad t = 1, \ldots, T-1,$$
$$\delta_T^\theta = N_T Y$$
を満たすものが存在する.よって,このとき命題 2.4.1 より,
$$(\theta \cdot G^{N^{-1}})_T = \sum_{t=0}^T N_t^{-1} \delta_t^\theta = N_0^{-1} \delta_0^\theta + Y$$
となる.$c = -N_0^{-1} \delta_0^\theta$ とすればよい.

(2)⇒(1):任意の $x \in L$ に対して,$Y = \sum_{t=1}^T N_t^{-1} x_t$ とおくと,Y は $\mathcal{F}_T$-可測.したがって (2) により,$Y = c + (\theta' \cdot G^{N^{-1}})_T$ を満たす $\theta' \in L_{\mathrm{pre}}^d$ と $c \in \mathbf{R}$ が存在する.すなわち,
$$\sum_{t=1}^T N_t^{-1} x_t = c + (\theta' \cdot G^{N^{-1}})_T = c + \sum_{t=0}^T N_t^{-1} \delta_t^{\theta'}$$
である.ここで,$a_1 = c + N_0^{-1} \delta_0^{\theta'}$ とし,
$$a_{t+1} = N_t^{-1}(\delta_t^{\theta'} - x_t) + a_t, \ t = 1, 2, \ldots, T-1$$
と定義する.また $\tilde{\theta} \in L_{\mathrm{pre}}^d$ をニュメレール N_t に対する定義 2.2.7 のものとして,
$$\theta_t = \theta_t' + a_t \tilde{\theta}_t, \ t = 1, 2, \ldots, T$$
とおく.このとき,
$$\delta_t^\theta = \delta_t^{\theta'} + a_t \tilde{\theta}_t \cdot (\delta_t + S_t) - a_{t+1} \tilde{\theta}_{t+1} \cdot S_t$$
$$= \delta_t^{\theta'} + a_t (\tilde{\theta}_t \cdot (\delta_t + S_t) - \tilde{\theta}_{t+1} \cdot S_t) - (a_{t+1} - a_t) \tilde{\theta}_{t+1} \cdot S_t$$

$$
\begin{aligned}
&= \delta_t^{\theta'} - (a_{t+1} - a_t)N_t \\
&= x_t, \ t = 1, 2, \ldots, T-1
\end{aligned}
$$

であり，

$$
\begin{aligned}
\delta_T^\theta &= \delta_T^{\theta'} + a_T N_T \\
&= \delta_T^{\theta'} + \left(a_1 + \sum_{t=1}^{T-1} N_t^{-1}(\delta_t^{\theta'} - x_t) \right) N_T \\
&= \left(\sum_{t=0}^{T} N_t^{-1} \delta_t^{\theta'} - \sum_{t=1}^{T} N_t^{-1} x_t - N_0^{-1} \delta_0^{\theta'} + N_T^{-1} x_T + a_1 \right) N_T \\
&= x_T + (a_1 - c - N_0^{-1} \delta_0^{\theta'}) N_T = x_T
\end{aligned}
$$

となる． ∎

 無裁定かつ完備であれば，ニュメレールが存在する．その理由は次の通りである．たとえば $x \in L$ として，$x_T = 1, x_t = 0, t = 1, \ldots, T-1$ なるものを選ぶ．完備性より，$\delta_t^{\tilde{\theta}} = x_t, t = 1, \ldots, T-1$ を満たす戦略 $\tilde{\theta} \in L_{\mathrm{pre}}^d$ が存在する．このとき，$N_t = \tilde{\theta}_{t+1} \cdot S_t, t = 0, 1, \ldots, T-1$，$N_T = \delta_T^{\tilde{\theta}}$ とすると，$\delta_T^{\tilde{\theta}} = X_T > 0$ であるので，命題 2.5.1 より，N はニュメレールである．

定理 2.6.2　モデルが無裁定であると仮定する．このとき以下は同値である．
(1) モデルが完備である．
(2) 状態価格デフレーターが定数倍を除き一意的である．

証明

$$
V = \{\delta^\theta;\ \theta \in L_{\mathrm{pre}}^d\} \subset L,
$$
$$
V^\perp = \left\{ \xi \in L;\ E\left[\sum_{t=0}^{T} \xi_t x_t \right] = 0,\ x \in V \right\}
$$

とおく．このとき，$\dim V^\perp = \dim L - \dim V$ となる．デフレーター π が状態価格デフレーターであることは，

$$
E\left[\sum_{t=0}^{T} \pi_t \delta_t^\theta \right] = 0, \qquad \theta \in L^d
$$

であることと同値であるから，$\pi \in V^\perp$ となることと同値である．とくに，無裁定ならば $\dim V^\perp \geqq 1$ である．まず，完備であると仮定する．完備性の定義より $\dim V \geqq \dim L - 1$ であることがわかる．よって，$\dim V^\perp \leqq 1$ である．したがって $\dim V^\perp = 1$ となり状態価格デフレーターは定数倍を除き一意的である．

逆に，状態価格デフレーターが定数倍を除き一意的であると仮定する．まず，$\dim V^\perp = 1$ であることを示す．π を状態価格デフレーターとする．もし $\dim V^\perp \geqq 2$ であれば，π と一次独立であるような $\xi \in V^\perp$ が存在する．$\pi_t > 0, t = 0, 1, \ldots, T$ で L は有限次元空間だから $\varepsilon > 0$ で

$$\pi_t + \varepsilon \xi_t > 0, \qquad t = 0, 1, \ldots, T$$

を満たすものが存在する．すなわち，$\tilde{\pi} = \pi + \varepsilon \xi$ も状態価格デフレーターとなる．これは定数倍を除き一意的という仮定に反する．だから，$\dim V^\perp = 1$ となる．

$e = \{e_t\}_{t=0}^T \in L$ を

$$e_0 = \pi_0^{-1}, \qquad e_t = 0, \qquad t = 1, \ldots, T$$

で定める．$x \in L$ に対し，

$$E\left[\sum_{t=0}^T \pi_t x_t\right] = a$$

とおくと，

$$E\left[\sum_{t=0}^T \pi_t(-ae_t + x_t)\right] = 0,$$

すなわち，$-ae + x \in (V^\perp)^\perp = V$ となる．したがって，$\theta \in L^d$ で

$$\delta_t^\theta = -ae_t + x_t, \qquad t = 0, 1, \ldots, T$$

を満たすものが存在する．とくに，

$$\delta_t^\theta = x_t, \qquad t = 1, \ldots, T.$$

よって完備である． ∎

定理 2.5.2，2.5.4，2.6.1，2.6.2 より次のことがわかる．

定理 2.6.3　モデルが無裁定と仮定し，N をニュメレールとする．このとき，次の 2 条件は同値である．

(1) モデルが完備である．

(2) N に関する EMM の $\mathcal{F}_T$ への制限が一意的である．

さらに，このとき，任意の $\mathcal{F}_T$-可測な確率変数 Y に対して $\theta \in L^d_{\mathrm{pre}}$ で

$$Y = E^Q[Y] + (\theta \cdot G^{N^{-1}})_T$$

となるものが存在する．ただしここで，Q は N に関する EMM である．

第3章 デリバティブの価格付け（完備な場合）

　市場のモデルは，第2章2.1節の通りとする．この章では，モデルは無裁定で，完備であると仮定する．この設定に対し，デリバティブとよばれる証券を，市場で取引可能なものとして新たに追加すると仮に想定したとき，この証券価格過程を市場のモデルに追加しても裁定機会をもつ戦略が存在しないようなデリバティブ価格を，**無裁定価格**という．元の市場モデルが完備である設定のもとでは，任意のデリバティブは適切な戦略を用いて複製する（リスクを完全にヘッジする）ことができ，それが根拠となって，デリバティブの無裁定価格が決定される．本章では，このことについて述べていく．

3.1　ヨーロピアンデリバティブの価格

　T_0 ($T_0 \leq T$) を，契約であらかじめ決められた，契約の満了時刻とする．T_0（満期日）に，ペイオフ金額が確定するという契約形態を**ヨーロピアンデリバティブ**という．このヨーロピアンデリバティブの価格がどのように決まるか，第2章の結果を用いて考察していく．

　まず例として，1単位の証券1を，価格 K で買う権利（コールオプション）について考える．この場合，満期 T_0 において，

　　$S^1_{T_0} > K$　ならば，権利を行使して $S^1_{T_0} - K$ の利得を得る．

　　$S^1_{T_0} \leq K$　ならば，権利は行使せず利得は0となる．

よって，このコールオプションは，時刻 T_0 に $(S^1_{T_0} - K) \vee 0$ の配当を得るという契約とみなせる．ただし，$x \vee y = \max\{x, y\}$ である．

　これを一般化して，満期時刻を T_0 として，時刻 T_0 で Y の配当を得（ただし，Y は $\mathcal{F}_{T_0}$-可測），他の時刻では何も配当がないヨーロピアンデリバティ

ブを考えよう．

モデルが完備であるので，ある戦略 $\theta \in L_{\text{pre}}^d$ で

$$\delta_t^\theta = \begin{cases} 0, & t = 1, 2, \ldots, T_0 - 1, T_0 + 1, \ldots, T \\ Y, & t = T_0 \end{cases}$$

となるものが存在する．このとき，$c = -\delta_0^\theta = \theta_1 \cdot S_0$ とおくと，初期資金を c として戦略 θ をとれば，ヨーロピアンデリバティブと同じ配当を得ることができる．このとき，このデリバティブの時刻 0 での無裁定価格 p は $p = c$ でなければならない．

その理由は以下の通りである．

(1) $p > c$ とすると，デリバティブを価格 p で売り，初期資金 $\theta_0 \cdot S_0$ をかけて戦略 θ を組成し，時刻 T_0 で戦略 θ からの配当をデリバティブを売った相手に引き渡す．このときのキャッシュフローをまとめると，表 3.1 のようになる．

この戦略は，つねに 0 以上の配当をもたらし，かつ，時刻 0 においては正の配当 $p - \theta_1 \cdot S_0$ をもたらすことから，裁定機会をもつ戦略ということになる．したがって，p が無裁定価格であるためには，$p \leqq c$ でなければならない．

(2) $p < c$ とすると，デリバティブを価格 p で買い，初期資金 $-\theta_0 \cdot S_0$ をかけて戦略 $-\theta$ を組成する．時刻 T_0 でオプションより Y を受けとり，戦略 $-\theta$ の配当 $-Y$ を受けとって，差し引き 0 となる．このときのキャッシュフローをまとめると，表 3.2 のようになる．

この戦略は，つねに 0 以上の配当をもたらし，かつ，時刻 0 においては正

表 3.1 ヨーロピアンデリバティブの売りと戦略 θ の組合せのキャッシュフロー

時刻	デリバティブ勘定	戦略 θ の勘定	各期合計
0	p	δ_0^θ	$p + \delta_0^\theta = p - c > 0$
1	0	0	0
$\vdots$	0	0	0
T_0	$-Y$	$\delta_{T_0}^\theta$	$-Y + \delta_{T_0}^\theta = 0$
$\vdots$	0	0	0
T	0	0	0

表 3.2 ヨーロピアンデリバティブの買いと戦略 $-\theta$ の組合せのキャッシュフロー

時刻	デリバティブ勘定	戦略 $-\theta$ の勘定	各期合計
0	$-p$	$-\delta_0^\theta$	$-p - \delta_0^\theta = c - p > 0$
1	0	0	0
$\vdots$	0	0	0
T_0	Y	$-\delta_{T_0}^\theta$	$Y - \delta_{T_0}^\theta = 0$
$\vdots$	0	0	0
T	0	0	0

の配当 $c-p$ をもたらすことから,裁定機会をもつ戦略ということになる.したがって,p が無裁定価格であるためには,$c \leqq p$ でなければならない.

なお,別の戦略 $\theta' \in L_{\mathrm{pre}}^d$ で

$$\delta_t^{\theta'} = \begin{cases} 0, & t = 1, 2, \ldots, T_0 - 1, T_0 + 1, \ldots, T \\ Y, & t = T_0 \end{cases}$$

となるものがあったとしても,無裁定の仮定により,$-\delta_0^\theta = -\delta_0^{\theta'}$ でなければならない.したがって,無裁定価格は一意に決定される.

実際,ヨーロピアンデリバティブの価格は,次のように計算することができる.モデルが無裁定かつ完備であることから,状態価格デフレーターは定数倍を除いて一意に存在する.そこで π を状態価格デフレーターとする.このとき,定理 2.4.4 より,

$$E\left[\sum_{t=0}^T \pi_t \delta_t^\theta\right] = 0$$

が成り立ち,θ の定義より,

$$-\delta_0^\theta = \pi_0^{-1} E[Y \pi_{T_0}] \tag{3.1}$$

を得る.

また,N をニュメレールとすると(完備であるのでニュメレールは存在する),定理 2.5.4(1) より,測度 $Q^{(N,\pi)}$ が N に関する EMM となる.さらにこのとき,同定理 (2) より $Z(\omega) = \dfrac{Q^{(N,\pi)}(\{\omega\})}{P(\{\omega\})}$ とおくと,$\pi_t' = N_t^{-1} E[Z|\mathcal{F}_t]$ は状態価格デフレーターである.完備性より状態価格デフレーターは定数

倍を除いて一意なので，ある正の定数 a で $\pi = a\pi'$ と書ける．すなわち，$\pi_t = aN_t^{-1}E[Z|\mathcal{F}_t]$ となるので，これを (3.1) 式に代入して，

$$\begin{aligned}
-\delta_0^\theta &= N_0 E[Y N_{T_0}^{-1} E[Z|\mathcal{F}_{T_0}]] \\
&= N_0 E[Y N_{T_0}^{-1} Z] \\
&= N_0 E^{Q^{(N,\pi)}}[Y N_{T_0}^{-1}]
\end{aligned}$$

を得る．

もっと一般的に各時刻 t, $t = 1, \ldots, T$ に $\mathcal{F}_t$-可測な Y_t を受けとるというデリバティブも考えられる．この場合も，モデルが完備であることから，ある戦略 $\theta \in L_{\text{pre}}^d$ で

$$\delta_t^\theta = Y_t, \quad t = 1, 2, \ldots, T_0 - 1, T_0 + 1, \ldots, T$$

となるものが存在する．まったく同様に，状態価格デフレーター π により，

$$-\delta_0^\theta = \pi_0^{-1} E\left[\sum_{j=1}^T \pi_j \delta_j^\theta\right]$$

を得る．また，N をニュメレールとし，それに関する EMM を Q とすると，

$$-\delta_0^\theta = N_0 E^Q\left[\sum_{j=1}^T N_j^{-1} Y_j\right]$$

を得る．

このように，デリバティブのペイオフを複製する戦略が何であるかについて具体的に知らなくても，デリバティブの無裁定価格自体は求めることができるのである．

注意 3.1.1 市場のモデルは無裁定で完備とする．$0 < t_0 \leqq T$ とし，デリバティブの配当 $X \in L$ は $X_t = 0$, $t \leqq t_0$ を満たすとする．さらに，π を状態価格デフレーターとし，

$$Y = -\pi_{t_0}^{-1} E\left[\sum_{t=t_0+1}^T \pi_t X_t \Big| \mathcal{F}_{t_0}\right]$$

とおく．このとき，$\theta \in L_{\text{pre}}^d$ で，

$$\delta_{t_0}^\theta = Y \quad \text{かつ} \quad \delta_t^\theta = X_t, \; t \neq 0, t_0$$

を満たすものが存在する．このとき，定理 2.4.4 より

$$\delta_0^\theta = -\pi_0^{-1} E\left[\sum_{t=1}^T \pi_t \delta_t^\theta\right] = 0$$

となることから，結局，$\delta_t^\theta = 0$，$t = 0, 1, \ldots, t_0 - 1$ である．したがって，とくに，$\theta_t = 0$，$t = 1, 2, \ldots, t_0$ とできる．

時刻 $t_0 > 0$ においてデリバティブの価格評価をしたいとしよう．時刻 t_0 での売買取引においては，残存しているペイオフ $X_t, t = t_0 + 1, \ldots, T$ のみが価格評価の対象となる．上記注意 3.1.1 により，時刻 t_0 での取引から開始するあるポートフォリオ戦略 θ によって，これらのペイオフを複製できることから，時刻 t_0 でのデリバティブ価格もこれまでの議論と同じ論法が適用できる．すなわち，このポートフォリオを時刻 t_0 に組成するのに必要な資金は $\delta_{t_0}^\theta$ であり，これがこのデリバティブの t_0 での無裁定価格である．これにより，各時刻 $t, t = 1, \ldots, T$ に $\mathcal{F}_t$-可測な X_t を受けとるというデリバティブの時刻 t での無裁定価格 V_t は，

$$V_t = \pi_0^{-1} E\left[\sum_{j=t+1}^T \pi_j X_j \middle| \mathcal{F}_t\right]$$

であり，さらに，N をニュメレール，N に関する EMM を Q とすると，

$$V_t = N_t E^Q\left[\sum_{j=t+1}^T N_j^{-1} X_j \middle| \mathcal{F}_t\right]$$

となるといえる．

3.2 アメリカンデリバティブの価格

T_0 ($T_0 \leqq T$) をデリバティブの満期（契約が完了する時刻）とする．ペイオフを受けとる権利を，契約時から満期 T_0 までの間ならいつでも，ただし一度だけ行使することができるという契約形態のデリバティブは，**アメリカンデリバティブ**とよばれている．すなわち，時刻 $t, t \leqq T_0$ に行使した場合には，時刻 t において金額 X_t（$\mathcal{F}_t$-可測な確率変数）の配当を受けとり，それ以外

の時刻には何も受けとらないという契約形態で，この行使時刻 t をいつにするかはオプションの買い手が決めるが，オプションの売り手への通知は時刻 t にすればよい．つまり，行使時刻を前もって売り手に知らせる必要はない．

X_t は負の値もとりえて権利を行使しないことができると解釈する考え方もあるが，ここでは，$X_t \geqq 0$ として時刻 T_0 までに必ず行使するものという考え方をとることにする．さらに，実際は満期 T_0 で契約は終了するが，$X_t = 0$, $t = T_0 + 1, \ldots, T$ とおくことにより，満期が T であるとしても同等の契約である．このようにして，$X \in L$ として，満期が T であるとして論じても問題は同じである．また，時刻 0 に，ただちに権利行使すると決めてアメリカンを購入するというのは不自然なので，ここでは権利行使ができるのは時刻 1 以降 T までとして議論する．過去に購入したアメリカンをすでに保有しており時刻 0 での行使も可能という想定の場合は，時刻 0 での行使により得られる金額 X_0 が以下で述べるアメリカン価格 c 以上であるとき時刻 0 で行使すべきであり，そうでないときはアメリカンの価値は c となる．

前節と同じく無裁定で完備を仮定しているので，N をニュメレールとし，Q を N に関する EMM とする．

まず，買い手の立場で考えてみよう．ある買い手は，ある停止時刻[1] τ に行使すると心に決めていたとしよう．さらに，時刻 τ に行使して得た X_τ は全額ニュメレールに投資し，時刻 T にそれを売却するとしよう．このとき，この買い手にとっては，実質的には時刻 $T-1$ までは何も受けとらず，時刻 T に $N_\tau^{-1} X_\tau N_T$ を受けとるという契約をしたのと同等ということになる．$N_\tau^{-1} X_\tau N_T$ は $\mathcal{F}_T$-可測確率変数なので，これは実質的にはヨーロピアンデリバティブとなる．したがって，この買い手にとっての契約価値は，

$$N_0 E^Q \left[N_T^{-1} N_\tau^{-1} X_\tau N_T \right] = N_0 E^Q \left[N_\tau^{-1} X_\tau \right]$$

となる．買い手は行使時刻を自分で決めることができるので，オプション価格が p であるとして，もし，$p \leqq N_0 E^Q \left[N_\tau^{-1} X_\tau \right]$ を満たす停止時刻 τ が見つけられるなら，買い手にとっては，価格が p であることに文句はないはずである．

では，売り手の立場ではどうであろうか．売り手の論理は買い手の論理ほ

---

[1] 停止時刻の定義は，付録 B.3 節を参照されたい．

ど単純ではない．なぜなら，行使時刻を決めるのは買い手であって，売り手はそれを事前に知ることはできないからである．さらにいえば，実際の買い手の行使時刻は停止時刻ですらないかもしれない．たとえば，初めて雨が降った日に行使するというように，モデルで設定した確率空間とは無関係なことで行使を決めたとしても，契約上はまったく問題ない．すなわち，買い手がいつ行使するかは ω の関数ですらないかもしれないのである．

この節では，アメリカンデリバティブの価格がどのように決定されるかについて述べる．

まず，決め手となる定理を述べよう．

定理 3.2.1 市場のモデルは完備であることを仮定する．c を

$$c = \max\{E^Q[N_0 N_\tau^{-1} X_\tau]; \tau \text{ は停止時刻で}, \tau \geq 1\}$$

で定めると，自己充足的戦略 $\theta \in L_{\text{pre}}^d$ で，

$$-\delta_0^\theta = c, \qquad X_t \leq \theta_t \cdot (\delta_t + S_t), \qquad t = 1, \ldots, T$$

となるものが存在する．

さらに，$\tau \equiv 0$ も停止時刻なので $c \geq X_0$ であることをふまえ，この戦略 θ に対し，

$$\tau^* = \min\{t \geq 1; X_t = \theta_t \cdot (\delta_t + S_t)\}$$

とおくと，$c = E^Q[N_0 N_{\tau^*}^{-1} X_{\tau^*}]$ である．

定理の証明は後回しにして，定理の結果を使って上記のアメリカンデリバティブの価格 p が上の定理の c と一致することを説明する．

(1) $p > c$ とすると，アメリカンデリバティブを価格 p で売り，初期資金 $c = -\delta_0^\theta = \theta_1 \cdot S_0$ をかけて上の定理の戦略 θ をとる．時刻 t で権利行使されたとき，戦略 θ を処分し，$\theta_t \cdot (\delta_t + S_t)$ を得る．このキャッシュフローをまとめると，表 3.3 のようになる．この戦略は，つねに 0 以上の配当をもたらし，かつ，時刻 0 においては正の配当 $c - p$ をもたらすことから，裁定機会をもつということになる．したがって，p が無裁定価格であるためには，$p \leq c$ でなければならない．

表 3.3 アメリカンデリバティブの売りと戦略 θ の組合せのキャッシュフロー

時刻	デリバティブ勘定	戦略 θ の勘定	各期小計
0	p	δ_0^θ	$p + \delta_0^\theta > 0$
1	0	0	0
$\vdots$	0	0	0
t	$-X_t$	$\theta_t \cdot (\delta_t + S_t)$	$-X_t + \theta_t \cdot (\delta_t + S_t) \geqq 0$
$\vdots$	0	0	0
T	0	0	0

(2) $p < c$ とする.ここで,定理の τ^* について $c = E^Q[N_0 N_{\tau^*}^{-1} X_{\tau^*}]$ である.ここで $x_t = \mathbf{1}_{\{\tau^* = t\}} X_t$ とおくと,$x \in L$ となる.市場の完備性より,$\delta_t^{\theta'} = -x_t, t = 1, \ldots, T_0$ を満たす戦略 $\theta' \in L_{\mathrm{pre}}^d$ が存在する.このとき,

$$\delta_0^{\theta'} = N_0 E^Q\left[\sum_{t=0}^T N_t^{-1} x_t\right] = N_0 E^Q[N_{\tau^*}^{-1} X_{\tau^*}] = c$$

である.いま,デリバティブを価格 p で買い,戦略 θ' を実行する一方,時刻 τ^* になればデリバティブを行使すると同時に戦略 θ' も清算することにする.この一連のキャッシュフローをまとめると,表 3.4 のようになる.

0 以外の時刻ではデリバティブと戦略両方からの配当の和は 0 であり,時刻 0 での配当は,$\delta_0^{\theta'} = c$ なので,$-p + \delta_0^{\theta'} = c - p > 0$ となることから,裁定機会をもつということになる.したがって,p が無裁定価格であるために

表 3.4 アメリカンデリバティブの買いと戦略 θ' の組合せのキャッシュフロー

時刻	デリバティブ勘定	戦略 θ' の勘定	各期小計
0	$-p$	$\delta_0^{\theta'}$	$-p + \delta_0^{\theta'} > 0$
1	0	0	0
$\vdots$	0	0	0
τ^*	X_{τ^*}	$\delta_{\tau^*}^{\theta'}$	$X_{\tau^*} + \delta_{\tau^*}^{\theta'} = 0$
$\vdots$	0	0	0
T	0	0	0

は，$c \leqq p$ でなければならない．

したがって，このデリバティブの無裁定価格は c であることがいえる．

このように，オプションの売り手は，上で述べた戦略 θ' を実行し，買い手が権利行使を宣言したときにそれらを売却しさえすればよい．買い手がどのような方針で行使時刻を決定するかを事前に知らなくても，その時その時における行使の有無さえ解ければよい．したがって，買い手の実際の行使時刻がいつであるかが ω の関数であるかどうかも問題にはならない．

定理 3.2.1 を以下で証明する．まず，補題を準備しよう．

補題 3.2.2 U_t を Q-優マルチンゲール[2]とする．このとき，

$$U_t = M_t + A_t, \quad t = 0, 1, \ldots, T,$$

ただし M はマルチンゲール，$M_0 = U_0$，

A は可予測過程で単調非増加 ($A_t \geqq A_{t+1}$, $t = 0, 1, \ldots, T-1$)

と書くことができ，さらに，ある自己充足的戦略 $\theta \in L^d_{\mathrm{pre}}$ が存在して次を満たす．

$$\theta_{t+1} \cdot S_t = M_t N_t, \ t = 0, 1, \ldots, T-1 \ (とくに \theta_1 \cdot S_0 = U_0 N_0),$$
$$\delta^\theta_T = \theta_T \cdot (\delta_T + S_T) = M_T N_T.$$

証明 確率過程 M_t, A_t を

$$M_t = U_0 + \sum_{k=1}^{t}(U_k - E^Q[U_k|\mathcal{F}_{k-1}]), \quad t = 0, 1, \ldots, T,$$

$$A_t = \sum_{k=1}^{t}(E^Q[U_k|\mathcal{F}_{k-1}] - U_{k-1}), \quad t = 0, 1, \ldots, T$$

で定める．明らかに A は可予測過程であり，M は Q-マルチンゲールで，$U_t = M_t + A_t$ である．また，U が優マルチンゲールであることより

$$A_t \geqq A_{t+1}, \quad t = 0, 1, \ldots, T-1$$

となる．このとき $N_T M_T$ は $\mathcal{F}_T$-可測であり，完備性の仮定より，$\theta \in L^d_{\mathrm{pre}}$ で

---

[2] 優マルチンゲールの定義は，付録 B.2 節を参照されたい．

$$\delta_t^\theta = 0, \quad t = 1, \ldots, T-1, \qquad \delta_T^\theta = N_T M_T$$

となるものが存在する．このとき，

$$\theta_{t+1} \cdot S_t = N_t E^Q\left[N_T^{-1} M_T N_T \big| \mathcal{F}_t\right] = N_t M_t, \quad t = 0, 1, \ldots, T-1$$

である． ∎

定理 3.2.1 の証明 適合過程 $U \in L$ を次で定義する．まず $U_T = N_T^{-1} X_T$ とし，時間の流れと逆向きにして帰納的に

$$U_{t-1} = \max\{N_{t-1}^{-1} X_{t-1}, E^Q[U_t | \mathcal{F}_{t-1}]\}, \qquad t = T, T-1, \ldots 2,$$
$$U_0 = E^Q[U_1]$$

で定める．明らかに U_t は Q-優マルチンゲールである．したがって，補題 3.2.2 より，

$$U_t = M_t + A_t$$

と分解でき，M はマルチンゲールで $M_0 = U_0$, A は単調非増加な可予測過程である．さらに，$\theta \in L_{\mathrm{pre}}^d$ で，

$$\delta_t^\theta = 0, \quad t = 1, \ldots, T-1, \qquad \delta_T^\theta = N_T M_T$$

となるものが存在し，

$$\theta_{t+1} \cdot S_t = N_t M_t, \quad t = 0, 1, \ldots, T-1$$

である．とくに，$-\delta_0^\theta = \theta_1 \cdot S_0 = N_0 M_0 = N_0 U_0$ である．

まず，$-\delta_0^\theta = c$, すなわち $N_0 U_0 = c$ を示そう．$t \geqq 1$ においては，U の定義より明らかに，$U_t \geqq N_t^{-1} X_t$ となる．よって $t \leqq \tau \leqq T$ を満たす任意の停止時刻 τ に対し

$$U_t \geqq E^Q[U_\tau | \mathcal{F}_t] \geqq E^Q[N_\tau^{-1} X_\tau | \mathcal{F}_t] \tag{3.2}$$

となる[3]．とくに $t = 1$ とすると，任意の停止時刻 $\tau \geqq 1$ に対し，

$$U_1 \geqq E^Q[N_\tau^{-1} X_\tau | \mathcal{F}_1]$$

---

[3] 1つ目の不等号については付録 B の定理 B.5.3 を参照されたい．

である．したがって，U_0 の定義より

$$N_0 U_0 = N_0 E^Q[U_1] \geqq N_0 E^Q[N_\tau^{-1} X_\tau]$$

である．したがって，

$$N_0 U_0 \geqq c = \max\{E^Q[N_0 N_\tau^{-1} X_\tau];\ \tau \text{ は停止時刻で} \tau \geqq 1\}.$$

逆向きの不等号を示すために，

$$\tau' = \min\{t = 0, 1, \ldots, T-1;\ A_{t+1} < 0\}$$

とおく（ただし，$\min \phi = T$ とする）．このとき，A は可予測であったので τ' は停止時刻である．また，$M_0 = U_0 = E^Q[U_1] = E^Q[M_1 + A_1] = M_0 + A_1$ より $A_1 = 0$，すなわち $\tau' \geqq 1$ である．さらに，停止過程 $U_t^{\tau'} = U_{\tau' \wedge t}$ は，Q-マルチンゲールである（なぜなら $U_t^{\tau'} = M_t^{\tau'} + A_t^{\tau'} = M_t^{\tau'}$ で $M_t^{\tau'}$ はマルチンゲールであるから）．したがって，$N_0 U_0 = N_0 E^Q[U_T^{\tau'}]$ である．ここで，補題 3.2.2 の証明から，$A_{t+1} - A_t = E^Q[U_{t+1}|\mathcal{F}_t] - U_t$ であるので，$A_{t+1} < A_t$ であることと $E^Q[U_{t+1}|\mathcal{F}_t] < U_t$ であることとは同値である．よって，τ' の定義と U の定義とから $U_{\tau'} = N_{\tau'}^{-1} X_{\tau'}$ を得る．したがって，

$$N_0 U_0 = N_0 E^Q[U_T^{\tau'}] = N_0 E^Q[U_{\tau'}] = N_0 E^Q[N_{\tau'}^{-1} X_{\tau'}] \leqq c$$

を得る．よって

$$N_0 U_0 = c$$

が得られる．

さらに，補題 3.2.2 より，

$$\theta_t \cdot (\delta_t + S_t) = \theta_{t+1} \cdot S_t = N_t M_t \geqq N_t U_t \geqq X_t,\ t = 1, 2, \ldots, T$$

である．

最後に $c = E^Q[N_0 N_{\tau^*}^{-1} X_{\tau^*}]$ を示す．前述の通り $\tau' \geqq 1$ がいえるので，$N_{\tau'} M_{\tau'} = \theta_{\tau'} \cdot (\delta_{\tau'} + S_{\tau'})$ である．また前述の通り $U_{\tau'} = N_{\tau'}^{-1} X_{\tau'}$ であり $U_{\tau'} = M_{\tau'}$ であるので，$X_{\tau'} = N_{\tau'} U_{\tau'} = N_{\tau'} M_{\tau'} = \theta_{\tau'} \cdot (\delta_{\tau'} + S_{\tau'})$ となり，$\tau^* \leqq \tau'$ を得る．これにより，$U_{\tau^*} = M_{\tau^*}$ であり，また $U^{\tau'}$ が Q-マルチン

ゲールだったので U^{τ^*} も Q-マルチンゲールといえる.また,τ^* の定義より $X_{\tau^*} = \theta_{\tau^*} \cdot (\delta_{\tau^*} + S_{\tau^*})$ なので,$X_{\tau^*} = M_{\tau^*} N_{\tau^*}$ となり,ゆえに,

$$c = N_0 U_0 = N_0 E^Q[U_T^{\tau^*}] = N_0 E^Q[N_{\tau^*}^{-1} X_{\tau^*}]$$

を得る. ∎

この証明の内容から,時刻 $t \geqq 1$ におけるこのアメリカンの(t での行使権も含めた)無裁定価格も,$N_t U_t$ である.$\{N_t U_t\}_{t=0,1,\ldots,T}$ を,アメリカン価格過程とよぶ.

また,$\mathcal{T}_t = \{\tau; \tau \text{ は停止時刻で}, t \leqq \tau \leqq T\}$ とおき,

$$U'_t = \max_{\tau \in \mathcal{T}_t} E^Q \left[N_\tau^{-1} X_\tau \big| \mathcal{F}_t \right]$$

とおくと,$U_t = U'_t$, $t \geqq 1$ である.

注意 3.2.3 定理 3.2.1 の証明における U は,その定義から以下を満たす.
(1) $U_t N_t \geqq X_t$, $t = 1, \ldots, T$.
(2) U は Q-優マルチンゲールである.
(3) (1), (2) の性質をもつ確率過程の中で最小のものである.

このうち,(1) と (2) は,売り手の立場から求められる性質であり,(3) は買い手の立場から求められる性質である.また,(3) よりこれら 3 つの条件を満たす確率過程は一意であることから,この 3 つの条件がアメリカン価格過程 $\{U_t N_t\}$ の特徴付けになっている.

系 3.2.4 $N_t^{-1} X_t$ が Q-劣マルチンゲール[4]ならば,T に X_T を受けとるヨーロピアンと同じ価格になる.

証明 $N_t^{-1} X_t$ の Q-劣マルチンゲール性より,任意の停止時刻 $\tau \in \mathcal{T}_1$ に対し,$E^Q \left[N_\tau^{-1} X_\tau \right] \leqq E^Q \left[N_T^{-1} X_T \right]$ であるので,

$$\text{アメリカン価格} = N_0 \max_{\tau \in \mathcal{T}} E^Q \left[N_\tau^{-1} X_\tau \right] \leqq N_0 E^Q \left[N_T^{-1} X_T \right]$$
$$= \text{ヨーロピアン価格}$$

を得る.

たとえば,配当のない証券のコールオプションがこれに相当する. ∎

---

[4] 劣マルチンゲールの定義は,付録 B.2 節を参照されたい.

3.3 先物価格

まず,先渡し価格について述べた後,先物価格について述べる.

3.3.1 先渡し価格

ある証券 1 単位を,あらかじめ決められた期日(満期)において,あらかじめ決められた価格で購入する(売却する)ことを確約する形の契約を**先渡し買い(売り)契約**という.これは,ヨーロピアンデリバティブの一種である.

ここで,無裁定と完備性の仮定より,$N_{T_0} = 1$ となるニュメレールが存在する.このとき,満期 T_0,購入価格 K の先渡し買い契約の無裁定価格 c は,

$$c = N_0 E^Q[N_{T_0}^{-1}(S_{T_0} - K)] = S_0 - N_0 E^Q\left[\sum_{t=1}^{T_0} N_t^{-1}\delta_t\right] - N_0 K$$

となる.現物を買うことと先渡し買い契約を結ぶこととの大きな違いの 1 つは,配当を受けとるか否かである.

先渡し契約の価値 c が 0 となるような購入価格 K を**先渡し価格**という.すなわち,

$$K = N_0^{-1} S_0 - E^Q\left[\sum_{t=1}^{T_0} N_t^{-1}\delta_t\right]$$

が先渡し価格となる.

とくに,現在の価格が S_0 である配当のない証券を将来時点 T_0 において K で購入するという先渡し契約の無裁定価格は,$S_0 - KN_0$ である.またこのとき,先渡し価格は $N_0^{-1} S_0$ である.実際たとえば,$K = N_0^{-1} S_0$ で証券 1 単位を購入する先渡しの買い契約を結んだ場合,証券を 1 単位空売りして得た資金 S_0 を全額 N に投資すると,$N_0^{-1} S_0$ 単位の N を保有することになる.時刻 T_0 には,$N_{T_0} = 1$ なので,保有している N をすべて売却すると $N_0^{-1} S_0$ を得る.これを先渡し契約の決済にあてれば証券が 1 単位手に入り,これを空売りの決済にあてれば資金の過不足なくすべて清算される.表 3.5 はこれらをまとめたものである.

このように,証券に配当がない場合は,無裁定と完備の仮定から先渡し価格が決まり,証券価格のモデルには依存しない.

表 3.5 先渡し買い契約，証券，ニュメレールのキャッシュフロー

時刻	先渡し買い契約	証券空売り	ニュメレールへの投資
0	0	S_0	$-S_0$
1	0	0	0
⋮	0	0	0
T_0	$S_{T_0} - K$	$-S_{T_0}$	$\frac{S_0}{N_0} N_{T_0} = K$

3.3.2 先物価格

先物契約では，受渡し日 T_0 ($T_0 \leqq T$) および，対象となる証券が契約で設定される．この設定された証券の T_0 での価格を Y としよう．Y は $\mathcal{F}_{T_0}$-可測である．そして各時刻 t ($t = 0, 1, \ldots, T_0 - 1$) において，この T_0 と Y に対応する"先物価格"とよばれる値 F_t が市場で決定される．とくに，受渡し日 T_0 においては，$F_{T_0} = Y$ と定義されている．そして，時刻 t_0 に 1 単位の先物買い契約を結び，時刻 $t_1 > t_0$ にそれを解約する（手仕舞う）ということは，次のようなキャッシュフローをもたらすことを意味する．

まず，契約締結時の t_0 には，キャッシュフローは発生しない．すなわち配当 0 である．そして，次の時刻 $t_0 + 1$ においては，先物価格の値上がり分を受けとる．すなわち，時刻 $t_0 + 1$ における配当は，$F_{t_0+1} - F_{t_0}$ である．この値は正でも負でも必ず受けとる．これは値洗いとよばれている．同様に，$t_0 < t \leqq t_1$ なる時刻 t においては，値洗いとして，$F_t - F_{t-1}$ を受けとる．そして，契約を解消する時刻 t_1 には，同様に値洗い額 $F_{t_1} - F_{t_1-1}$ を受けとった後，契約終了となり，契約終了のための金銭の授受は発生しない．そして，取引解消以降は，配当は 0 となる．

先物売り契約では，値洗いの額の符号が逆になる．

これをまとめると表 3.6 のようになる．

契約期間中に発生する値洗い額を，デフレーターは考えず単純合計すると，先物買い（売り）契約の場合 $F_{t_1} - F_{t_0}$ （売り契約の場合は $F_{t_0} - F_{t_1}$）となる．とくに，先物契約の受渡し日である T_0 まで契約を継続した場合は，最後の値洗いは $F_{T_0} - F_{T_0-1} = Y - F_{T_0-1}$ （売り契約の場合は $F_{T_0-1} - F_{T_0} = F_{T_0-1} - Y$）となり，契約期間中の値洗い額の単純合計は $Y - F_{t_0}$ （売り契約の場合は $F_{t_0} - Y$）となる．大雑把にいえば，時刻 t に買い（売り）契約を結べば，価

表 3.6 先物契約のキャッシュフロー

時刻	先物買い契約の キャッシュフロー	先物売り契約の キャッシュフロー
t_0	0	0
t_0+1	$F_{t_0+1} - F_{t_0}$	$F_{t_0} - F_{t_0+1}$
t_0+2	$F_{t_0+2} - F_{t_0+1}$	$F_{t_0+1} - F_{t_0+2}$
$\vdots$	$\vdots$	$\vdots$
t_1	$F_{t_1} - F_{t_1-1}$	$F_{t_1-1} - F_{t_1}$
単純合計	$F_{t_1} - F_{t_0}$	$F_{t_0} - F_{t_1}$

値 Y の物を F_t で買う(売る)ことを契約することに近い.このことから,$F_t(t=0,1,\ldots,T_0-1)$ が先物"価格"とよばれていることにある意味納得できる.

改めて,市場は無裁定で完備であるとして,ニュメレール N に関する EMM を Q とする.市場に先物契約を登場させても裁定機会をもち込まないためには,先物価格 F は,

$$F_t = E^Q[N_{t+1}^{-1}|\mathcal{F}_t]^{-1} E^Q[N_{t+1}^{-1} F_{t+1}|\mathcal{F}_t], \quad t=0,1,\ldots,T_0-1$$

でなければならず,したがって $\mathcal{F}_t$-可測な確率変数となることを以下で説明しよう.とくに,ニュメレール N が可予測過程であるときには,

$$F_t = E^Q[F_{t+1}|\mathcal{F}_t] = E^Q[Y|\mathcal{F}_t]$$

となる.

証明 確率過程 $\{Z_t\}_{t=0}^{T_0}$ を

$$Z_{T_0} = Y,$$
$$Z_t = E^Q[N_{t+1}^{-1}|\mathcal{F}_t]^{-1} E^Q[N_{t+1}^{-1} Z_{t+1}|\mathcal{F}_t], \quad t=0,1,\ldots,T_0-1$$

で定義する.もし時刻 $t<T_0$ に市場で決まる F_t が Z_t と異なる値となれば,裁定機会,すなわちその後のリスクなしに時刻 t で利益

$$N_t E^Q[N_{t+1}^{-1}|\mathcal{F}_t]|F_t - Z_t|$$

を得る戦略を組めることを帰納的に説明する.

まず，時刻 $T_0 - 1$ について説明しよう.

$$Z_{T_0-1} = E^Q[N_{T_0}^{-1}|\mathcal{F}_{T_0-1}]^{-1} E^Q[N_{T_0}^{-1}Y|\mathcal{F}_{T_0-1}]$$

である．もし時刻 $T_0 - 1$ で，ある ω において，市場で決まった先物価格 $f \in \mathbf{R}$ が，$f < Z_{T_0-1}(\omega)$ であったとする．このとき，注意 3.1.1 より，ある戦略 $\theta \in L_{\mathrm{pre}}^d$ で，$\delta_{T_0}^\theta = -(Y-f)$ であり，$j = T_0 + 1, \ldots, T$ においては $\delta_j^\theta = 0$，かつ $j = 1, 2, \ldots, T_0 - 1$ においては $\theta_j = 0$ となるものが存在する．このとき，命題 2.4.1 より，

$$\sum_{j=T_0}^{T} N_j^{-1} \delta_j^\theta - N_{T_0-1}^{-1} \theta_{T_0} \cdot S_{T_0-1} = (\theta \cdot G^\gamma)_T - (\theta \cdot G^\gamma)_{T_0-1}$$

を満たす．したがって，θ のとり方から

$$-N_{T_0}^{-1}(Y-f) - N_{T_0-1}^{-1} \theta_{T_0} \cdot S_{T_0-1} = (\theta \cdot G^\gamma)_T - (\theta \cdot G^\gamma)_{T_0-1}$$

となり，両辺の時刻 $T_0 - 1$ での条件付き期待値をとって，

$$-\theta_{T_0} \cdot S_{T_0-1}$$
$$= N_{T_0-1} E[N_{T_0}^{-1}(Y-f)|\mathcal{F}_{T_0-1}]$$
$$= N_{T_0-1} E[N_{T_0}^{-1}|\mathcal{F}_{T_0-1}] \Big[E[N_{T_0}^{-1}|\mathcal{F}_{T_0-1}]^{-1} E[N_{T_0}^{-1}Y|\mathcal{F}_{T_0-1}] - f \Big]$$
$$= N_{T_0-1} E[N_{T_0}^{-1}|\mathcal{F}_{T_0-1}](Z_{T_0-1} - f)$$
$$> 0$$

を得る．そこで，時刻 $T_0 - 1$ に，先物買い契約を 1 単位と戦略 θ を実行する．このとき時刻 T_0 では，先物買いでは資金の出入りはなく，戦略 θ を実行することで金額 $-\theta_{T_0} \cdot S_{T_0-1} > 0$ を受けとる．そして時刻 T_0 では，先物の値洗いで $Y - f$ を受けとり，戦略 θ からの実質配当 $\delta_{T_0}^\theta = -(Y-f)$ を受けとることになるので，合計すると時刻 T_0 での受払い額は 0 である．また，時刻 $T_0 + 1$ 以降は先物も戦略 θ も受払いは発生しない．したがって，これは裁定機会をもつ取引である．$f > Z_{T_0-1}(\omega)$ の場合は売り買いを逆にすることで裁定機会をもつ取引となる．いずれにせよ，もしある ω において，$T_0 - 1$ での先物価格 $f \in \mathbf{R}$ が $Z_{T_0-1}(\omega)$ と異なれば，あるポートフォリオ戦略 θ と先物 1 単位とを組合

せることで，時刻 T_0-1 で金額 $N_{T_0-1}E^Q[N_{T_0}{}^{-1}|\mathcal{F}_{T_0-1}]|Z_{T_0-1}(\omega)-f|>0$ を手に入れ，時刻 T_0 以降の受けとり額が非負となるようにできることがいえた．すなわち，時刻 T_0-1 での先物価格 F_{T_0-1} が Z_{T_0-1} に一致しなければ，裁定機会のある取引戦略が存在してしまうことがいえた．

次に帰納法の仮定として，時刻 $t+1$ における先物価格については「もし時刻 $t+1$ での先物価格 f' が $f'\neq Z_{t+1}$ ならば，1 単位の先物契約とある戦略 θ' の組合せにより，$t+2$ 以降の受けとり額が非負で，時刻 $t+1$ において金額

$$-\theta'_{t+2}\cdot S_{t+1}=N_tE^Q[N_{t+1}{}^{-1}|\mathcal{F}_t]|Z_t-f'|>0$$

の利益を得る裁定取引が存在する」ことが示されたとする．そのうえで，時刻 t に，ある ω で先物価格 $f\in\mathbf{R}$ が $f<Z_t(\omega)$ となったとしよう．このとき，注意 3.1.1 より，ある戦略 $\theta\in L^d_{\mathrm{pre}}$ で，$j\leqq t$ においては $\theta_j=0$, $\delta^\theta_{t+1}=Z_{t+1}-f$, そして $j>t+1$ においては $\delta^\theta_j=0$ となるものが存在する．このとき，時刻 t でこの戦略を組むのに必要な金額は，

$$\begin{aligned}\theta_{t+1}\cdot S_t&=N_tE^Q[N_{t+1}{}^{-1}(Z_{t+1}-f)|\mathcal{F}_t]\\&=N_t(Z_t-f)E^Q[N_{t+1}{}^{-1}|\mathcal{F}_t])\ >\ 0\end{aligned}$$

となる．そこで，先物買い契約 1 単位を結び，戦略 $-\theta$ を実行し，$t+1$ で先物契約を手仕舞うことにする．このとき時刻 t では $-\theta$ の実行により金額 $N_tE^Q[N_{t+1}{}^{-1}|\mathcal{F}_t](Z_t-f)>0$ を得，$t+2$ 以降の受払いは 0 となる．そして時刻 $t+1$ においては，もし，市場で決まった先物価格 f' が $f'\geqq Z_{t+1}(\omega)$ ならば，時刻 $t+1$ で値洗い額 $f'-f\geqq Z_{t+1}(\omega)-f=\delta^\theta_{t+1}$ を受けとることになる．すなわち，受けとった $f'-f$ は戦略 $-\theta$ の時刻 $t+1$ での配当 $-\delta^\theta_{t+1}$ と合わせて非負の価値が残る．逆に，もし $f'<Z_{t+1}(\omega)$ の場合は，$t+1$ での値洗いとポートフォリオ $-\theta$ からの実質受けとり配当との合計が $f'-f-\delta^\theta_{t+1}=f'-Z_{t+1}<0$ となるが，帰納法の仮定より，時刻 $t+1$ で先物取引 1 単位とそれに対応するヘッジ戦略 θ' とを組合せることで，時刻 $t+1$ では金額

$$N_{t+1}E^Q[N_{t+2}{}^{-1}|\mathcal{F}_{t+1}]|Z_{t+1}-f'|$$

を受けとり，かつ $t+2$ 以降の受けとり額を非負とすることができる．そこで，この先物取引と θ' との組合せを，新たに $\{N_{t+1}E^Q[N_{t+2}{}^{-1}|\mathcal{F}_{t+1}]\}^{-1}$ 単

位分実行すれば，損失 $f' - Z_{t+1} < 0$ を埋め合わせ，かつ $t+2$ 以降の受けとり額を非負とすることができる．

時刻 t に，ある ω で先物価格 $f \in R$ が $f > Z_t(\omega)$ の場合も同様である．

以上により，時刻 $t+1$ での先物価格がいくらになろうとも，時刻 t での先物価格 f が $f \neq Z_t(\omega)$ であれば，時刻 t に金額 $N_t E^Q[N_{t+1}{}^{-1}|\mathcal{F}_t]|Z - f|$ を受けとり，かつ $t+1$ 以降の受けとり金額は非負となる戦略が存在することがいえた． ∎

注意 3.3.1 N と N' をともにニュメレールとし，Q^N と $Q^{N'}$ をそれぞれに関する EMM とするとき，系 2.5.3 と定理 2.5.4 とから，$\left.\dfrac{dQ^N}{dQ^{N'}}\right|_T = \dfrac{N_T N'_0}{N'_T N_0}$ であり，$\left.\dfrac{dQ^N}{dQ^{N'}}\right|_t = E^{Q^{N'}}\left[\left.\dfrac{N_T N'_0}{N'_T N_0}\right|\mathcal{F}_t\right]$ であることに注意すると，

$$\frac{E^{Q^N}[N_{t+1}{}^{-1} F_{t+1}|\mathcal{F}_t]}{E^{Q^N}[N_{t+1}{}^{-1}|\mathcal{F}_t]} = \frac{E^{Q^{N'}}[N'_{t+1}{}^{-1} F_{t+1}|\mathcal{F}_t]}{E^{Q^{N'}}[N'_{t+1}{}^{-1}|\mathcal{F}_t]}, \qquad t = 0, 1, \ldots, T_0 - 1$$

となり，先物価格はニュメレールのとり方によらないことがわかる．

3.4 株式の二項モデルによるオプション価格（2.3 節の続き）

ここでは，記号は 2.3.1 項で定義したものと同じとし，オプションを考えよう．さらに簡単のため，例 2.3.3 にならい，配当 δ_t は，時刻と状態によらず $\dfrac{\delta_{t+1}(\omega_1 \ldots \omega_t 0)}{S_t(\omega_1 \ldots \omega_t)} = a^{(0)}$, $\dfrac{\delta_{t+1}(\omega_1 \ldots \omega_t 1)}{S_t(\omega_1 \ldots \omega_t)} = a^{(1)}$ がそれぞれ一定であるとし，また，株式の配当落ち価格 S_t の変化も，$\dfrac{S_{t+1}(\omega_1 \ldots \omega_t 0)}{S_t(\omega_1 \ldots \omega_t)} = b^{(0)}$, $\dfrac{S_{t+1}(\omega_1 \ldots \omega_t 1)}{S_t(\omega_1 \ldots \omega_t)} = b^{(1)}$ がそれぞれ一定で，$b^{(0)} > b^{(1)}$ とする．このとき，$\omega = \omega_1 \omega_2 \ldots \in \Omega$ に対し t 番目までの文字列 $\omega_1 \omega_2 \ldots \omega_t$ の中の 0 の数を $c_t(\omega)$ とおくと，

$$S_t(\omega) = S_0 (b^{(0)})^{c_t(\omega)} (b^{(1)})^{t - c_t(\omega)}$$

となる．

また，2.3.1 項の議論により，T を満期とする割引債価を満期まで保有することに対応するニュメレール N_t は $N_t = (1+r)^{-(T-t)}$ で，これに関する

EMM である Q は，時刻 t と状態 $\omega_1\ldots\omega_t$ によらず，

$$q = Q(A_{\omega_1\ldots\omega_t 0}|A_{\omega_1\ldots\omega_t}) = \frac{1+r-u^{(1)}}{u^{(0)}-u^{(1)}}$$

である．ただし $u^{(i)} = a^{(i)} + b^{(i)}, i = 0, 1$ とおいた．$\omega_1\ldots\omega_t$ の中の 0 の数が c_t であるとき，T において $c_T = n$ となるためには，$\omega_{t+1}\ldots\omega_T$ のうち 0 の数が $n - c_t$ でなければならないことから，

$$Q(c_T = n|\mathcal{F}_t) = {}_{T-t}C_{n-c_t} q^{n-c_t}(1-q)^{T-t-(n-c_t)}$$

となる．ここで，整数 $m \geqq n$ に対し ${}_mC_n = \dfrac{m!}{n!(m-n)!}$ とした．

ヨーロピアンコールオプション

まず，満期 T に $(S_T - K)^+$ を受けとるヨーロピアンコールオプションを考えよう．いま，行使価格 K が $S_0(b^{(0)})^{c-1}(b^{(1)})^{T-(c-1)} < K \leqq S_0(b^{(0)})^c(b^{(1)})^{T-c}$ とする．このとき，時刻 t におけるこのヨーロピアンコールの無裁定価格 $v_t(\omega)$ は，

$$\begin{aligned}
v_t &= N_t E^Q\left[\frac{(S_T - K)^+}{N_T}\Big|\mathcal{F}_t\right] \\
&= (1+r)^{-(T-t)}\sum_{i=c}^{T}(S_0(b^{(0)})^i(b^{(1)})^{T-i} - K)Q(c_T = i|\mathcal{F}_t) \\
&= (1+r)^{-(T-t)}\sum_{i=c\vee c_t}^{T-t}(S_0(b^{(0)})^i(b^{(1)})^{T-i} - K){}_{T-t}C_{i-c_t}q^{i-c_t}(1-q)^{T-t-(i-c_t)}
\end{aligned}$$

となる．

いま，時刻 $t = 0, 1, \ldots, T-1$ での売買取引直後の保有株数と債券の保有数をそれぞれ次式の θ_{t+1}, η_{t+1} とするポートフォリオ戦略を考えよう．

$$\begin{aligned}
\theta_{t+1}(\omega_1\ldots\omega_t) &= \frac{v_{t+1}(\omega_1\ldots\omega_t 0) - v_{t+1}(\omega_1\ldots\omega_t 1)}{(u^{(0)} - u^{(1)})S_t(\omega_1\ldots\omega_t)}, \\
\eta_{t+1}(\omega_1\ldots\omega_t) &= \frac{v_t(\omega_1\ldots\omega_t) - \theta_{t+1}S_t(\omega_1\ldots\omega_t)}{B_t}.
\end{aligned}$$

それぞれの右辺は $\mathcal{F}_t$-可測，すなわち，$\theta, \eta \in L_{\text{pre}}$ である．

このとき，時刻 t での取引直後のポートフォリオ価値を X_t とおくと，この戦略は自己充足的で $X_t = v_t$ が成立する．すなわち，これはオプションの複

製戦略である．このことは，次のようにして確かめられる．

まず，η_{t+1} の定義から

$$X_t = \theta_{t+1} S_t + \eta_{t+1} B_t = v_t$$

である．とくに，時刻 0 における取引直後は $X_0 = v_0$，すなわち，時刻 0 にこの戦略を組成するために必要な資金は v_0 である．

次に，θ が自己充足的であることを確かめよう．すなわち，ポートフォリオ X の時刻 $t = 1, \ldots, T-1$ での実質配当は，$\theta_t(S_t + \delta_t) + \eta_t B_t - X_t = \theta_t(S_t + \delta_t) + \eta_t B_t - v_t$ であることから，$\theta_t(S_t + \delta_t) + \eta_t B_t = v_t$ を確かめればよい．θ と η の定義から

$$\eta_t(\omega_1 \ldots \omega_{t-1}) = \frac{v_{t-1}(\omega_1 \ldots \omega_{t-1})}{B_{t-1}} - \frac{v_t(\omega_1 \ldots \omega_{t-1}0) - v_t(\omega_1 \ldots \omega_{t-1}1)}{(u^{(0)} - u^{(1)})B_{t-1}}$$

であり，さらに $\dfrac{v_{t-1}}{B_{t-1}} = v_{t-1} N_{t-1}^{-1} = E^Q[v_t N_t^{-1} | \mathcal{F}_{t-1}]$，$t < T$ より，

$$\begin{aligned}&\eta_t(\omega_1 \ldots \omega_{t-1})\\&= \frac{qv_t(\omega_1 \ldots \omega_{t-1}0) + (1-q)v_t(\omega_1 \ldots \omega_{t-1}1)}{N_t}\\&\quad - \frac{v_t(\omega_1 \ldots \omega_{t-1}0) - v_t(\omega_1 \ldots \omega_{t-1}1)}{(u^{(0)} - u^{(1)})N_{t-1}}\\&= \frac{(q - \frac{1+r}{u^{(0)} - u^{(1)}})v_t(\omega_1 \ldots \omega_{t-1}0) + (1 - q + \frac{1+r}{u^{(0)} - u^{(1)}})v_t(\omega_1 \ldots \omega_{t-1}1)}{N_t}\end{aligned}$$

を得る．$q = \dfrac{1 + r - u^{(1)}}{u^{(0)} - u^{(1)}}$ であることに注意して，

$$\begin{aligned}\eta_t(\omega_1 \ldots \omega_{t-1}) B_t &= \frac{-u^{(1)}}{(u^{(0)} - u^{(1)})} v_t(\omega_1 \ldots \omega_{t-1}0)\\&\quad + \frac{u^{(0)}}{(u^{(0)} - u^{(1)})} v_t(\omega_1 \ldots \omega_{t-1}1)\end{aligned}$$

を得る．ここで，$\theta_t(S_t + \delta_t) + \eta_t B_t$ を，$\omega_t = 0$ の場合について計算してみよう．

$$\begin{aligned}
&(\theta_t(S_t+\theta_t)+\eta_t B_t)(\omega_1\ldots\omega_{t-1}0)\\
&=\frac{v_t(\omega_1\ldots\omega_{t-1}0)-v_t(\omega_1\ldots\omega_{t-1}1)}{(u^{(0)}-u^{(1)})S_t}u^{(0)}S_t\\
&\quad+\frac{-u^{(1)}}{(u^{(0)}-u^{(1)})}v_{t+1}(\omega_1\ldots\omega_t 0)+\frac{u^{(0)}}{(u^{(0)}-u^{(1)})}v_{t+1}(\omega_1\ldots\omega_t 1)\\
&=v_t(\omega_1\ldots\omega_{t-1}0).
\end{aligned}$$

$\omega_t=1$ の場合も同様に

$$(\theta_t(S_t+\delta_t)+\eta_t B_t)(\omega_1\ldots\omega_{t-1}1)=v_t(\omega_1\ldots\omega_{t-1}1)$$

となる．これにより，$\theta_t S_t+\eta_t B_t=v_t$ を得る．

第4章 デリバティブの価格付け（完備でない場合）

第3章での議論では市場が完備であることを仮定したことで，実質的配当過程がデリバティブの利得と同等となる取引戦略の存在が保証され，それが根拠となって，デリバティブの無裁定価格が一意に定まった．この章ではモデルは無裁定と仮定するが，完備であることを仮定しない．この場合，どのようにデリバティブの価格付けができるであろうか？ 一般にモデルが完備でない場合は，デリバティブの価格に関して決定的な理論はない．この本ではもっとも基本となる優複製費用 (super replication cost) について述べる．デリバティブの売り手がリスクを完全に回避するには優複製費用を受けとる必要がある．しかし，その額は一般に非常に高く，その額での買い手をみつけることは困難である．そのため，優複製費用は価格としての意味はもたない．しかしながら，リスクのヘッジという観点からは重要な指標である．

4.1 ヨーロピアンデリバティブの優複製費用

定義 4.1.1 $X \in L$ とする．時刻 $t = 1, \ldots, T$ に配当 X_t を受けとるというヨーロピアンデリバティブを考える．戦略 $\theta \in L^d$ が X を（ヨーロピアンデリバティブとして）ヘッジするとは

$$X_t \leqq \delta_t^\theta, \qquad t = 1, \ldots, T$$

となることをいう．

戦略 $\theta \in L^d$ が X をヘッジするとしよう．もしこのヨーロピアンデリバティブを金額 $-\delta_0^\theta$ で売ることができるのであれば，これを売却すると同時に戦略 θ を実行することで，各時刻の支払い義務 X_t は戦略の実質配当 δ_t^θ で賄えることから，リスクは完全に回避できる．

定義 4.1.2 $X \in L$ とする．X をヨーロピアンデリバティブとみなしたときの**優複製費用** $r_E(X)$ を

$$r_E(X) = \inf\{-\delta_0^\theta; \theta \text{ は } X \text{ をヘッジする戦略}\}$$

で定義する．

時刻 t に $\mathcal{F}_t$-可測な配当 X_t を受けとるというデリバティブの価格 p は，

$$-r_E(-X) \leqq p \leqq r_E(X)$$

を満たすことが，次のように考えることにより説明される．

もし，$p > r_E(X)$ であったとする．このとき定義により，ある $\theta \in L_{\text{pre}}^d$ で，$p > -\delta_0^\theta$ かつ $X_t \leqq \delta_t^\theta, t = 1, \ldots, T$ を満たすものが存在する．そこで，このデリバティブを 1 単位売り，この戦略 θ を実行すれば，時刻 0 に $p + \delta_0^\theta > 0$ を得るとともに，各時刻 t には $\delta_t^\theta - X_t \geqq 0$ を得ることになる．これは裁定機会となる．

一方，もし $p < -r_E(-X)$ であったとすると，

$$\begin{aligned}
-r_E(-X) &= -\inf\{-\delta_0^\theta; \theta \in L_{\text{pre}}^d, -X_t \leqq \delta_t^\theta, t = 1, \ldots, T\} \\
&= \sup\{\delta_0^\theta; \theta \in L_{\text{pre}}^d, X_t \geqq -\delta_t^\theta, t = 1, \ldots, T\} \\
&= \sup\{-\delta_0^{-\theta}; \theta \in L_{\text{pre}}^d, X_t \geqq \delta_t^{-\theta}, t = 1, \ldots, T\} \\
&= \sup\{-\delta_0^\theta; \theta \in L_{\text{pre}}^d, X_t \geqq \delta_t^\theta, t = 1, \ldots, T\}
\end{aligned}$$

である．すなわち，ある戦略 $\theta \in L_{\text{pre}}^d$ で，$p < -\delta_0^\theta$ かつ $X_t \geqq \delta_t^\theta, t = 1, \ldots, T$ を満たすものが存在する．そこで，このデリバティブを 1 単位買い，戦略 $-\theta$ を実行すれば，時刻 0 に $-\delta_0^\theta - p > 0$ を得るとともに，各時刻 t には $X_t - \delta_t^\theta \geqq 0$ が得られる．これは裁定機会である．

ここで，$\mathbf{1} = \{\mathbf{1}_t\}_{t=0}^T \in L$ は $\mathbf{1}_t(\omega) = 1, \omega \in \Omega, t = 0, 1, \ldots, T$ で定義されるものとする．次の定理が成立する．

定理 4.1.3 $\mathbf{1} \in L$ を（ヨーロピアンデリバティブとして）ヘッジする戦略が存在すると仮定する．このとき，任意の $X \in L$ に対して，X の優複製費用 $r_E(X)$ は

$$r_E(X) = \sup\left\{\pi_0^{-1} E\left[\sum_{t=1}^T \pi_t X_t\right]; \pi \text{ は状態価格デフレーター}\right\}$$

で与えられる．

証明 θ' を **1** をヘッジする戦略とする．すなわち，$\delta_t^{\theta'} \geqq 1$, $t = 1,\ldots,T$ である．

モデルは無裁定であるので，状態価格デフレーターが存在する．$r = r_E(X)$ とおき，

$$r' = \sup\left\{\pi_0^{-1} E\left[\sum_{t=1}^T \pi_t X_t\right]; \pi \text{ は状態価格デフレーター}\right\}$$

とおく．$M = \max\{|X_t(\omega)|; t = 0, 1, \ldots, T, \omega \in \Omega\}$ とおくと，$M\theta'$ は X をヘッジする戦略となる．よって X をヘッジする戦略は存在する．θ を X をヘッジする戦略とすると，状態価格デフレーター π に対して

$$-\delta_0^\theta = \pi_0^{-1} E\left[\sum_{t=1}^T \pi_t \delta_t^\theta\right] \geqq \pi_0^{-1} E\left[\sum_{t=1}^T \pi_t X_t\right],$$

よって，$r \geqq r'$ となる．

逆の不等式を示す．状態価格デフレーター π を 1 つ固定する．$\varepsilon > 0$ を任意にとり，$Y \in L$ を $Y_0 = -r + \varepsilon$, $Y_t = X_t$, $t = 1,\ldots,T$ で定める．$V = \{\delta^\theta; \theta \in L^d\} \subset L$ とおくと，優複製費用の定義より，Y は $V - L_+$ に属さないことがわかる．ただし，

$$V - L_+ = \{v - u; v \in V, u \in L_+\}$$

である．集合 $V - L_+$ は閉凸集合である．したがって，凸集合の分離定理（定理 A.2.4）より 0 ではない L の元 π' で

$$E\left[\sum_{t=0}^T \pi'_t Z_t\right] < E\left[\sum_{t=0}^T \pi'_t Y_t\right], \quad Z \in V - L_+$$

を満たすものが存在する．V はベクトル空間，また，$Z \in L_+, a \geqq 0$ ならば $aZ \in L_+$ であるので

$$E\left[\sum_{t=0}^T \pi'_t Z_t\right] = 0, \quad Z \in V, \tag{4.1}$$

$$E\left[\sum_{t=0}^{T}\pi'_t Z_t\right]\leqq 0, \qquad Z\in -L_+.$$

よって,
$$\pi'_t\geqq 0, \qquad E\left[\sum_{t=0}^{T}\pi'_t Y_t\right]>0$$

を得る.もし,$\pi'_0=0$ ならば
$$0=E\left[\sum_{t=0}^{T}\pi'_t\delta_t^{\theta'}\right]=E\left[\sum_{t=1}^{T}\pi'_t\delta_t^{\theta'}\right]\geqq E\left[\sum_{t=1}^{T}\pi'_t\right]\geqq 0$$

より $\pi'\equiv 0$ となり矛盾する.よって $\pi'_0>0$ がわかる.任意の $s>0$ に対して (4.1) 式より $\pi'+s\pi$ は状態価格デフレーターとなる.よって
$$r'\geqq (\pi'_0+s\pi_0)^{-1}E\left[\sum_{t=1}^{T}(\pi'_t+s\pi_s)X_t\right].$$

$s\downarrow 0$ として
$$r'\geqq {\pi'_0}^{-1}E\left[\sum_{t=1}^{T}\pi'_t Y_t\right]$$
$$=r-\varepsilon+{\pi'_0}^{-1}E\left[\sum_{t=0}^{T}\pi'_t Y_t\right]>r-\varepsilon.$$

ε は任意であるので $r'\geqq r$ を得る. ∎

さて,定理 4.1.3 より
$$-r_E(-X) = \inf\{\pi_0^{-1}E[\pi_{T_0}Y]; \pi\text{ は状態価格デフレーター}\}$$

なので,次の結論を得る.すなわち,適合過程 X_t に対し,時刻 t に X_t を受けとるヨーロピアンデリバティブの価格 p は,
$$\inf\left\{\pi_0^{-1}E\left[\sum_{t=1}^{T}\pi_t X_t\right]; \pi\text{ は状態価格デフレーター}\right\}$$
$$\leqq p\leqq \sup\left\{\pi_0^{-1}E\left[\sum_{t=1}^{T}\pi_t X_t\right]; \pi\text{ は状態価格デフレーター}\right\}$$

となる.さらに,ニュメレール N が存在するとするとき,定理 2.5.4 を用いれば次のように言い換えられる.

$$\inf\left\{N_0 E^Q\left[\sum_{t=1}^T N_t^{-1} X_t\right]; Q \text{ は } N \text{ に関する EMM}\right\}$$
$$\leqq p \leqq \sup\left\{N_0 E^Q\left[\sum_{t=1}^T N_t^{-1} X_t\right]; Q \text{ は } N \text{ に関する EMM}\right\}.$$

とくに, 満期が T_0 で, そのとき状態が ω であれば $Y(\omega)$ の金額を受けとるという契約の, 買値の下限 p_0 と, 売値の上限 p_1 はそれぞれ次式となる.

$$p_0 = \inf\{\pi_0^{-1} E[\pi_{T_0} Y]; \pi \text{ は状態価格デフレーター}\},$$
$$p_1 = \sup\{\pi_0^{-1} E[\pi_{T_0} Y]; \pi \text{ は状態価格デフレーター}\}.$$

また,

$$p_0 = \inf\{N_0 E^Q[N_{T_0}^{-1} Y]; Q \text{ は } N \text{ に関する EMM}\},$$
$$p_1 = \sup\{N_0 E^Q[N_{T_0}^{-1} Y]; Q \text{ は } N \text{ に関する EMM}\}$$

でもある.

逆に, $p_0 < v < p_1$ である任意の実数 v に対して, 上限, 下限の定義により, N に関する EMM である Q_0 と Q_1 で,

$$N_0 E^{Q_0}[N_{T_0}^{-1} Y] < v < N_0 E^{Q_1}[N_{T_0}^{-1} Y]$$

を満たすものがあるはずである. いま $\lambda = \dfrac{N_0 E^{Q_1}[N_{T_0}^{-1} Y] - v}{N_0 E^{Q_1}[N_{T_0}^{-1} Y] - N_0 E^{Q_0}[N_{T_0}^{-1} Y]}$
とおいて, 確率測度 Q^* を

$$Q^*(A) = \lambda Q_0(A) + (1 - \lambda) Q_1(A), \ A \in \mathcal{F}$$

と定義すると, Q^* は N に関する EMM で,

$$v = N_0 E^{Q^*}[N_{T_0}^{-1} Y]$$

を満たす.

4.2 アメリカンデリバティブの優複製費用

次のような一般化されたアメリカンデリバティブを考える．すなわち，満期を T_0 ($0 < T_0 < T$) であるとし，$X, Y \in L$ とする．時刻 t, $0 < t \leqq T_0$ に権利行使する場合には，行使時刻 t 以前の時刻 s, $s \leqq t-1$ においては Y_s の配当を受けとり，t においては X_t の金額を受けとるという契約を考える．アメリカン契約を結ぶ際に，最初から時刻 0 での行使が合理的であるような条件に設定するのは不自然であるので，ここでは，権利行使ができるのは時刻 1 以降であるとして議論する．またこの場合買い手は Y_0 を必ず受けとることになるので，アメリカンデリバティブ価格と差し引いて考えることにより，最初から Y_0 の受けとりは契約に含めないという設定で議論を進める．また，普通は満期の T_0 まで権利を行使しないまま終わることも許されているが，X_t を $X_t \vee 0$ に置き換えることにより，T_0 までに必ず行使しなければならない契約であるとみなすことができる．さらに，$X_t = 0$, $t = T_0+1, \ldots, T$, $Y_t = 0$, $t = T_0, \ldots, T$ とおくことによって，最初から T を満期とするアメリカンとみなすことができる．

このように，任意の 2 つの適合過程 $X, Y \in L$ によって，アメリカンデリバティブが定義できるので，以下，この意味で，適合過程の組 (X, Y) をアメリカンデリバティブとみなすことにする．

定義 4.2.1 $X, Y \in L$ に対して，戦略 $\theta \in L_{\mathrm{pre}}^d$ が (X, Y) を（**アメリカンデリバティブとして**）**ヘッジする**とは

$$X_t \leqq \delta_t^\theta + \theta_{t+1} \cdot S_t, \qquad t = 1, \ldots, T$$

かつ

$$Y_t \leqq \delta_t^\theta, \qquad t = 1, \ldots, T-1$$

を満たすことをいう．

定義 4.2.2 $X, Y \in L$ とする．(X, Y) をアメリカンデリバティブとみなしたときの**優複製費用** $r_A(X, Y)$ を

$$r_A(X, Y) = \inf\{-\delta_0^\theta;\, \theta \text{ は } (X, Y) \text{ をヘッジする戦略}\}$$

で定義する．

次のような定理が成立する．

定理 4.2.3 ニュメレール N が存在すると仮定する．このとき $X, Y \in L$ に対して

$$r_A(X, Y) = \sup\{E^Q[N_0 Z_\tau]; Q \text{ は } N \text{ に関する EMM}, \tau \text{ は停止時刻で } \tau \geqq 1\}$$

が成り立つ．ただし，

$$Z_t = \sum_{k=1}^{t-1} N_k^{-1} Y_k + N_t^{-1} X_t, \qquad t = 1, \ldots, T.$$

定理 4.2.3 の証明は 4.4 節で行う．この定理の証明には Kramkov の定理の離散時間版である定理 4.3.6 が必要となる．

さてこのとき，このアメリカンデリバティブの価格の上限 p_1 は $r_A(X, Y)$ である．なぜなら，もし $p > r_A(X, Y)$ なる価格 p で売れるとすると，$r_A(X, Y)$ の定義より，(X, Y) をアメリカンとしてヘッジするある戦略 θ が $-\delta_0^\theta < p$ を満たすので，このアメリカンデリバティブを p で売り戦略 θ を実行することが裁定機会となるからである．さらに，上記の定理より

$$p_1 = \sup\{E^Q[N_0 Z_\tau]; Q \text{ は } N \text{ に関する EMM}, \tau \text{ は停止時刻で } \tau \geqq 1\}$$

となる．

また，このアメリカンデリバティブの価格の下限 p_0 は

$$p_0 = \sup\{\inf\{E^Q[N_0 Z_\tau]; Q \text{ は } N \text{ に関する EMM}\}, \tau \text{ は停止時刻で } \tau \geqq 1\}$$

となる．なぜなら，もしこれより安い価格 p で買えるとすると，ある停止時刻 τ について $p < \inf\{E^Q[N_0 Z_\tau]; Q \text{ は } N \text{ に関する EMM}\}$ となる．このときデリバティブの買い手がこの τ を行使時刻とすれば，実質ヨーロピアンデリバティブをもっていることに等しい．ところが，前節の議論により，このヨーロピアンの下限は $\inf\{E^Q[N_0 Z_\tau]; Q \text{ は } N \text{ に関する EMM}\}$ である．したがってこれを価格 p で買えるということは，裁定機会が存在することになる．

4.3　EMM の構造と Kramkov の定理

ニュメレール N が存在するとする．N に関する EMM の集合全体を $\mathcal{E}_N$ と書くことにする．

各 $t = 1, \ldots, T$ に対し，Ξ_t^N を次の 4 条件を満たす ξ すべてからなる集合とする．

(1) ξ は $\mathcal{F}_t$-可測な確率変数．
(2) $\xi(\omega) > 0, \quad \omega \in \Omega$．
(3) $E[\xi|\mathcal{F}_{t-1}] = 1$．
(4) $E[\xi G_t^{N^{-1}}|\mathcal{F}_{t-1}] = G_{t-1}^{N^{-1}}$．

命題 4.3.1　$t = 1, \ldots, T$ とする．$\xi, \xi' \in \Xi_t^N$，かつ Z が $\mathcal{F}_{t-1}$-可測な確率変数で，$0 \leqq Z \leqq 1$ を満たすならば，

$$Z\xi + (1-Z)\xi' \in \Xi_t^N$$

である．

証明　$\tilde{\xi} = Z\xi + (1-Z)\xi'$ とおくと，$\tilde{\xi} > 0$ であり，$\tilde{\xi}$ が $\mathcal{F}_t$-可測であることは明らかである．また，

$$\begin{aligned}
E[\tilde{\xi}|\mathcal{F}_{t-1}] &= E[Z\xi + (1-Z)\xi'|\mathcal{F}_{t-1}] \\
&= ZE[\xi|\mathcal{F}_{t-1}] + (1-Z)E[\xi'|\mathcal{F}_{t-1}] \\
&= Z + (1-Z) = 1
\end{aligned}$$

である．同様にして，

$$E[\tilde{\xi} G_t^{N^{-1}}|\mathcal{F}_{t-1}] = G_{t-1}^{N^{-1}}$$

もわかる．　■

命題 4.3.2　$Q \in \mathcal{E}_N$ とする．

$$\rho_t = \left.\frac{dQ}{dP}\right|_{\mathcal{F}_t} = E\left[\frac{dQ}{dP}\Big|\mathcal{F}_t\right], \qquad t = 0, 1, \ldots, T$$

とおくと，

$$\rho_{t-1}^{-1}\rho_t \in \Xi_t^N, \qquad t=1,\ldots,T$$

である．したがってとくに，$\Xi_t^N \neq \emptyset$ である．

証明 $\rho_t > 0,\ t=0,1,\ldots,T$ であり，ρ_t は $\mathcal{F}_t$-可測な確率変数であるので，$\xi_t = \rho_{t-1}^{-1}\rho_t$ とおくと，ξ_t は $\mathcal{F}_t$-可測かつ $\xi_t > 0$ である．このとき

$$E[\xi_t|\mathcal{F}_{t-1}] = \rho_{t-1}^{-1}E[\rho_t|\mathcal{F}_{t-1}] = \rho_{t-1}^{-1}\rho_{t-1} = 1$$

であり，また

$$E[\xi_t G_t^{N-1}|\mathcal{F}_{t-1}] = E[\rho_{t-1}^{-1}\rho_t G_t^{N-1}|\mathcal{F}_{t-1}]$$
$$= E^Q[G_t^{N-1}|\mathcal{F}_{t-1}] = G_{t-1}^{N-1}$$

であるから，$\rho_{t-1}^{-1}\rho_t \in \Xi_t^N$ となる． ∎

命題 4.3.3 $\xi_t \in \Xi_t^N,\ t=1,\ldots,T$ とする．

$$Q(A) = E\left[\left(\prod_{t=1}^T \xi_t\right), A\right], \qquad A \in \mathcal{F}$$

で定義すると，Q は $(\Omega, \mathcal{F})$ 上の確率測度であり，$Q \in \mathcal{E}_N$ である．さらに，次が成り立つ．

$$Q(A) = E\left[\prod_{s=1}^t \xi_s, A\right], \qquad A \in \mathcal{F}_t, \quad t=1,\ldots,T.$$

証明 $\rho = \prod_{t=1}^T \xi_t$ とおくと，$\rho > 0$ は明らかである．また，

$$E\left[\prod_{t=1}^s \xi\bigg|\mathcal{F}_{s-1}\right] = \prod_{t=1}^{s-1}\xi_t E[\xi_s|\mathcal{F}_{s-1}] = \prod_{t=1}^{s-1}\xi_t$$

より，帰納的に

$$E[\rho] = 1, \qquad E[\rho|\mathcal{F}_t] = \prod_{s=1}^t \xi_s, \qquad t=1,\ldots,T$$

である．したがって，

$$Q(\Omega) = E[\rho] = 1$$

より，Q は任意の $\omega \in \Omega$ に対して $Q(\{\omega\}) > 0$ を満たす確率測度で，$\dfrac{dQ}{dP} = \rho$

であることがわかる．さらに，$\rho_t = E[\rho|\mathcal{F}_t]$ とおくと，$\rho_t = \prod_{s=1}^t \xi_s$ なので，

$$E^Q[G_t^{N^{-1}}|\mathcal{F}_{t-1}] = \rho_{t-1}^{-1} E[\rho_t G_t^{N^{-1}}|\mathcal{F}_{t-1}] = E[\xi_t G_t^{N^{-1}}|\mathcal{F}_{t-1}] = G_{t-1}^{N^{-1}}$$

を得る．よって $Q \in \mathcal{E}_N$ である． ∎

上記の 2 つの命題より次を得る．

定理 4.3.4 Q を $(\Omega, \mathcal{F})$ 上の確率測度とする．このとき，以下の 2 条件は同値である．
 (1) Q はニュメレール N に関する EMM である．
 (2) $\xi_t \in \Xi_t^N$, $t = 1, \ldots, T$ が存在して次を満たす．

$$Q(A) = E\left[\prod_{t=1}^T \xi_t, A\right], \quad A \in \mathcal{F}_T.$$

この定理は，言い換えると次式を満たすということになる．

$$\mathcal{E}_N = \left\{Q;\ \frac{dQ}{dP} = \prod_{t=1}^T \xi_t,\ \xi_t \in \Xi_t^N, t = 1, \ldots, T\right\}.$$

命題 4.3.5 $t = 1, \ldots, T$ とする．X は $\mathcal{F}_t$-可測な確率変数で，すべての $\xi \in \Xi_t^N$ に対して

$$E[\xi X|\mathcal{F}_{t-1}] \geqq 0$$

が成り立つとする．このとき，$\mathcal{F}_{t-1}$-可測な $\mathbf{R}^d$-値確率変数 η および $\mathcal{F}_t$-可測な非負値確率変数 U が存在して，

$$X = \eta \cdot (G_t^{N^{-1}} - G_{t-1}^{N^{-1}}) + U$$

となる．

証明 $\mathcal{F}_t$-可測な確率変数全体はベクトル空間をなす．その元 u, v に対し内積を $E[uv]$ で定義する．さらにこのベクトル空間内の部分集合を次で定義する．

$$V = \{\eta \cdot (G_t^{N^{-1}} - G_{t-1}^{N^{-1}});\ \eta\ は\ \mathcal{F}_{t-1}\text{-可測な}\ \mathbf{R}^d\text{-値確率変数}\},$$
$$C_+ = \{\mathcal{F}_t\text{-可測な非負値確率変数全体}\}.$$

$X \in V + C_+$ をいえばよい.

$X \notin V + C_+$ と仮定して矛盾を導こう. $V + C_+$ は閉凸集合なので, 凸集合の分離定理 (定理 A.2.4) により, ある $\mathcal{F}_t$-可測な確率変数 Y が存在して,

$$E[YX] < 0,$$
$$E[YZ] \geqq 0, \qquad Z \in V + C_+$$

を満たす. $C_+ \subset V + C_+$ なので, とくに C_+ の任意の元 Z に対して $E[YZ] \geqq 0$ であるから, $Y \geqq 0$ がいえる. $Y \not\equiv 0$ であるので,

$$E[Y|\mathcal{F}_{t-1}] \geqq 0, \qquad E[Y|\mathcal{F}_{t-1}] \not\equiv 0$$

がわかる.

$$B = \{\omega \in \Omega;\ E[Y|\mathcal{F}_{t-1}](\omega) > 0\}$$

とおくと, $B \in \mathcal{F}_{t-1}$ であり, $P(B) > 0$ である. また, $E[(1 - \mathbf{1}_B)Y] = E[(1 - \mathbf{1}_B)E[Y|\mathcal{F}_{t-1}]] = 0$. よって, $\mathbf{1}_B Y = Y$ となる.

ここで, $f = \mathbf{1}_B(E[Y|\mathcal{F}_{t-1}] + \mathbf{1}_{B^c})^{-1}$ とおくと f は $\mathcal{F}_{t-1}$-可測で非負値で, $E[fY|\mathcal{F}_{t-1}] = \mathbf{1}_B$ である. $\zeta_t \in \Xi_t^N$ を 1 つとり, $0 < \varepsilon < 1$ に対して,

$$\xi^\varepsilon = (1 - \varepsilon)fY + (1 - (1 - \varepsilon)\mathbf{1}_B)\zeta_t$$

とおくと, $\xi^\varepsilon > 0$ で,

$$\begin{aligned}E[\xi^\varepsilon|\mathcal{F}_{t-1}] &= (1 - \varepsilon)E[fY|\mathcal{F}_{t-1}] + (1 - (1 - \varepsilon)\mathbf{1}_B)E[\zeta_t|\mathcal{F}_{t-1}]\\&= (1 - \varepsilon)\mathbf{1}_B + (1 - (1 - \varepsilon)\mathbf{1}_B)\\&= 1\end{aligned}$$

である. また, V の任意の元 Z に対し, $fZ \in V$ なので,

$$E[fYZ] = 0, \quad Z \in V.$$

したがって, V の定義より, すべての $\mathcal{F}_{t-1}$-可測な $\mathbf{R}^d$-値確率変数 η に対して

$$E[fY\eta \cdot (G_t^{N-1} - G_{t-1}^{N-1})] = 0$$

が成り立つ. すなわち,

$$E[\eta \cdot E[fY(G_t^{N-1} - G_{t-1}^{N-1})|\mathcal{F}_{t-1}]] = 0$$

が成り立つ．η の任意性から，

$$0 = E[fY(G_t^{N-1} - G_{t-1}^{N-1})|\mathcal{F}_{t-1}],$$

すなわち，

$$E[fYG_t^{N-1}|\mathcal{F}_{t-1}] = \mathbf{1}_B G_{t-1}^{N-1}$$

が結論づけられる．よって，

$$\begin{aligned}
&E[\xi^\varepsilon G_t^{N-1}|\mathcal{F}_{t-1}] \\
&= (1-\varepsilon)E[fYG_t^{N-1}|\mathcal{F}_{t-1}] + (1-(1-\varepsilon)\mathbf{1}_B)E[\zeta G_t^{N-1}|\mathcal{F}_{t-1}] \\
&= (1-\varepsilon)\mathbf{1}_B G_{t-1}^{N-1} + (1-(1-\varepsilon)\mathbf{1}_B)G_{t-1}^{N-1} \\
&= G_{t-1}^{N-1}.
\end{aligned}$$

したがって，$\xi^\varepsilon \in \Xi_t^N, 0 < \varepsilon < 1$ となる．命題の前提から，任意の $0 < \varepsilon < 1$ に対して

$$\begin{aligned}
0 &\leqq E[\xi^\varepsilon X|\mathcal{F}_{t-1}] \\
&= E[((1-\varepsilon)fY + (1-(1-\varepsilon)\mathbf{1}_B)\zeta_t)X|\mathcal{F}_{t-1}]
\end{aligned}$$

がわかる．$\varepsilon \to 0$ とし，$\mathbf{1}_B$ をかけると，

$$\begin{aligned}
0 &\leqq \mathbf{1}_B E[(fY + (1-\mathbf{1}_B)\zeta_t)X|\mathcal{F}_{t-1}] \\
&= E[f\mathbf{1}_B YX|\mathcal{F}_{t-1}] \\
&= fE[YX|\mathcal{F}_{t-1}].
\end{aligned}$$

f は B 上正なので，

$$0 \leqq \mathbf{1}_B E[YX|\mathcal{F}_{t-1}] = E[\mathbf{1}_B YX|\mathcal{F}_{t-1}] = E[YX|\mathcal{F}_{t-1}].$$

これは矛盾である．よって命題は証明された． ∎

次の定理が **Kramkov** の定理の離散版である．

定理 4.3.6 N をニュメレールとする．$X \in L$ とする．X に対して，以下の 2 条件は同値である．

(1) 次を満たす $\theta \in L_{\text{pre}}^d, A \in L$ が存在する．

$$X_t = (\theta \cdot G^{N^{-1}})_t + A_t, \qquad t = 0, \ldots, T,$$
$$A_t \leqq A_{t-1}, \qquad t = 1, \ldots, T.$$

(2) N に関する EMM であるすべての Q に対し，次が成り立つ．

$$E^Q[X_t|\mathcal{F}_{t-1}] \leqq X_{t-1}, \qquad t = 1, \ldots, T.$$

証明 (1) $\Rightarrow$ (2)：Q の定義から，$G^{N^{-1}}$ は Q-マルチンゲールである．よって，任意の $\theta \in L_{\text{pre}}^d$ に対し，$(\theta \cdot G^{N^{-1}})$ は Q-マルチンゲールである．したがって，

$$\begin{aligned}
E^Q[X_t|\mathcal{F}_{t-1}] &= E^Q[(\theta \cdot G^{N^{-1}})_t + A_t|\mathcal{F}_{t-1}] \\
&\leqq E^Q[(\theta \cdot G^{N^{-1}})_t|\mathcal{F}_{t-1}] + E^Q[A_{t-1}|\mathcal{F}_{t-1}] \\
&= (\theta \cdot G^{N^{-1}})_{t-1} + A_{t-1} \\
&= X_{t-1}
\end{aligned}$$

となり，(2) を得る．

(2) $\Rightarrow$ (1)：(2) を仮定する．$\xi_t \in \Xi_t^N$, $t = 1, \ldots, T$ とすると，

$$Q(A) = E\left[\prod_{t=1}^T \xi_t, A\right], \ A \in \mathcal{F}$$

で与えられる Q は $\mathcal{E}_N$ の元となる．よって，

$$\begin{aligned}
0 &\geqq E^Q[X_t - X_{t-1}|\mathcal{F}_{t-1}] \\
&= \left(\left.\frac{dQ}{dP}\right|_{\mathcal{F}_{t-1}}\right)^{-1} E\left[\left(\left.\frac{dQ}{dP}\right|_{\mathcal{F}_t}\right)(X_t - X_{t-1})\Big|\mathcal{F}_{t-1}\right] \\
&= E[\xi_t(X_t - X_{t-1})|\mathcal{F}_t]
\end{aligned}$$

を得る．すなわち，

$$E[\eta(X_{t-1} - X_t)|\mathcal{F}_{t-1}] \geqq 0, \qquad \eta \in \Xi_t^N, \quad t = 1, \ldots, T$$

となる．命題 4.3.5 より各 $t = 1, \ldots, T$ に対し，$\mathcal{F}_{t-1}$-可測な $\mathbf{R}^d$-値確率変数 θ_t および $\mathcal{F}_t$-可測な非負値確率変数 C_t が存在して，

$$X_{t-1} - X_t = -\theta_t \cdot (G_t^{N-1} - G_{t-1}^{N-1}) + C_t$$

が成立する．このとき，$A_t = X_0 - \sum_{k=1}^t C_k$, $t = 0, 1, \ldots, T$ とおけば，条件 (1) が満たされることがわかる． ∎

4.4 定理 4.2.3 の証明

この節では定理 4.2.3 の証明を行う．U_t, $t = 0, 1, 2, \ldots, T$ を次で定義すると，$U \in L$ である．

$$U_T = Z_T,$$
$$U_{t-1} = \max\{Z_{t-1}, \sup\{E[\xi U_t | \mathcal{F}_{t-1}];\ \xi \in \Xi_t\}\}, \qquad t = T, T-1, \ldots, 2,$$
$$U_0 = \sup\{E[\xi U_1];\ \xi \in \Xi_1\}.$$

このとき，定理 4.3.4 により，

$$U_{t-1} = \max\{Z_{t-1}, \sup\{E^Q[U_t | \mathcal{F}_{t-1}];\ Q \in \mathcal{E}_N\}\}, \quad t = T, T-1, \ldots, 2,$$
$$U_0 = \sup\{E^Q[U_1];\ Q \in \mathcal{E}_N\}$$

でもある．したがって，任意の $Q \in \mathcal{E}_N$ に対して，

$$E^Q[U_t | \mathcal{F}_{t-1}] \leqq U_{t-1}, \qquad t = 1, 2, \ldots, T$$

がわかる．よって，定理 4.3.6 より，

$$U_t = (\theta' \cdot G^{N-1})_t + A_t, \qquad t = 0, 1, \ldots, T,$$
$$A_t \leqq A_{t-1}, \qquad t = 1, \ldots, T$$

を満たす $\theta' \in L_{\text{pre}}^d$, $A \in L$ が存在する．よって，

$$Z_t \leqq U_t = (\theta' \cdot G^{N-1})_t + A_t, \qquad t = 1, \ldots, T \tag{4.2}$$

となる．

ここで，各 $t = 0, 1, \ldots, T$ に対して $\mathcal{T}_t$ を $t \leqq \tau \leqq T$ を満たす停止時刻 τ の全体からなる集合とする．このとき，

$$U_t = \sup\{E^Q[Z_\tau | \mathcal{F}_t]; \ Q \in \mathcal{E}_N, \ \tau \in \mathcal{T}_t\}, \qquad t = 1, \ldots, T$$

であり，さらに，ある $\tau_t \in \mathcal{T}_t$ に対して

$$U_t = \sup\{E^Q[Z_{\tau_t} | \mathcal{F}_t]; \ Q \in \mathcal{E}_N\}, \qquad t = 1, \ldots, T$$

となることを t についての逆向きの帰納法で示す．$t = T$ のときは明らかである．$t \geqq 2$ のとき成立するとする．ここで，$\tau^* \in \mathcal{T}_{t-1}$ を

$$\tau^* = \begin{cases} t-1, & Z_{t-1} \geqq \sup\{E[\xi U_t | \mathcal{F}_{t-1}]; \ \xi \in \Xi_t^N\}, \\ \tau_t, & Z_{t-1} < \sup\{E[\xi U_t | \mathcal{F}_{t-1}]; \ \xi \in \Xi_t^N\} \end{cases}$$

とおくと，

$$\sup\{E^Q[Z_\tau | \mathcal{F}_{t-1}]; \ Q \in \mathcal{E}_N, \tau \in \mathcal{T}_{t-1}\}$$
$$\geqq \sup\{E^Q[Z_{\tau^*} | \mathcal{F}_{t-1}]; \ Q \in \mathcal{E}_N\}$$
$$= \mathbf{1}_{\{\tau^* = t-1\}} Z_{t-1}$$
$$\qquad + \mathbf{1}_{\{\tau^* \geqq t\}} \sup\{E[\xi E^Q[Z_{\tau_t} | \mathcal{F}_t] | \mathcal{F}_{t-1}]; \ Q \in \mathcal{E}_N, \xi \in \Xi_t\}$$
$$= \mathbf{1}_{\{\tau^* = t-1\}} Z_{t-1} + \mathbf{1}_{\{\tau^* \geqq t\}} \sup\{E[\xi U_t | \mathcal{F}_{t-1}]; \ \xi \in \Xi_t\}$$
$$= \max\{Z_{t-1}, \sup\{E[\xi U_t | \mathcal{F}_{t-1}]; \ \xi \in \Xi_t\}\}$$
$$= U_{t-1}$$

を得る．また，$\tau_{t-1} = \tau^*$ とすればよいこともわかる．

逆の不等号は (4.2) 式より，

$$\sup\{E^Q[Z_\tau | \mathcal{F}_{t-1}]; \ Q \in E_N, \tau \in \mathcal{T}_{t-1}\}$$
$$\leqq \sup\{E^Q[(\theta' \cdot G^{N-1})_\tau + A_\tau | \mathcal{F}_{t-1}]; \ Q \in E_N, \tau \in \mathcal{T}_{t-1}\}$$
$$\leqq (\theta' \cdot G^{N-1})_{t-1} + A_{t-1} = U_{t-1}$$

が成り立つ．

さらに $t = 0$ については，

$$A_0 = U_0 = \sup\{E^Q[U_1];\ Q \in \mathcal{E}_N\}$$
$$= \sup\{E^Q[\sup\{E^{Q'}[Z_\tau|\mathcal{F}_1];\ Q' \in \mathcal{E}_N,\ \tau \in \mathcal{T}_1\}];\ Q \in \mathcal{E}_N\}$$
$$= \sup\{E^Q[Z_\tau];\ Q \in \mathcal{E}_N,\ \tau \in \mathcal{T}_1\}$$

である.

さて,

$$\theta_t = \theta'_t - \left(-(A_0 + N_0^{-1}\delta_0^{\theta'}) + \sum_{k=1}^{t-1} N_k^{-1}(Y_k - \delta_k^{\theta'})\right)\tilde{\theta}_t, \qquad t = 1,\ldots,T$$

で $\theta \in L^d$ を定める.ただし,$\tilde{\theta}$ は定義 2.2.7 のものとする.このとき,定理 2.5.6 より,

$$\delta_0^\theta = \delta_0^{\theta'} - N_0(A_0 + N_0^{-1}\delta_0^{\theta'}) = -N_0 A_0,$$
$$\delta_t^\theta = \delta_t^{\theta'} + N_t(N_t^{-1}(Y_t - \delta_t^{\theta'})) = Y_t, \qquad t = 1, 2, \ldots, T-1,$$
$$(\theta \cdot G^{N^{-1}})_t = (\theta' \cdot G^{N^{-1}})_t \geqq Z_t - A_t \geqq Z_t - A_0, \qquad t = 0, 1, \ldots, T$$

となる.よって,

$$\delta_t^\theta + \theta_{t+1} \cdot S_t = N_t\left((\theta \cdot G^{N^{-1}})_t - \sum_{k=0}^{t-1} N_k^{-1}\delta_k^\theta\right)$$
$$= N_t\left((\theta \cdot G^{N^{-1}})_t + A_0 - \sum_{k=1}^{t-1} N_k^{-1}Y_k\right)$$
$$= N_t((\theta \cdot G^{N^{-1}})_t + A_0 - Z_t + N_t^{-1}X_t)$$
$$\geqq X_t, \qquad t = 1, 2, \ldots, T$$

となる.よって,戦略 θ は (X, Y) をヘッジする.したがって,

$$r_A(X, Y) \leqq -\delta_0^\theta = N_0 A_0$$
$$= \sup\{E^Q[N_0 Z_\tau];\ Q \in \mathcal{E}_N,\ \tau \in \mathcal{T}_1\}$$

を得る.逆に,$\theta \in L^d$ が X, Y をヘッジすれば

$$(\theta \cdot G^{N^{-1}})_t = \sum_{k=0}^{t} N_k^{-1}\delta_k^\theta + N_t^{-1}\theta_{t+1} \cdot S_t \geqq N_0^{-1}\delta_0^\theta + Z_t$$

となる．よって，任意の停止時刻 τ および，N に関する EMM である任意の Q に対して，
$$0 = E^Q[(\theta \cdot G^{N-1})_\tau] \geqq N_0^{-1}\delta_0^\theta + E^Q[Z_\tau]$$
である．よって，
$$r_A(X,Y) \geqq N_0 E^Q[Z_\tau].$$
これより定理の主張を得る． ■

注意 4.4.1 過去に発行されたアメリカン契約を改めて評価するような場合には，時刻 0 での権利行使もありうる設定で評価することになる．すなわち，オプション保有者は，時刻 0 で権利行使すれば X_0 を受けとってオプションが終了することになり，行使しなければ Y_0 を受けとって定理 4.2.3 のアメリカンデリバティブが手元に残ることになる．この場合，アメリカンの時刻 0 での価格の上限は，同様の議論により

$$\sup\{E^Q[N_0 Z'_\tau]; Q \text{ は } N \text{ に関する EMM}, \tau \text{ は停止時刻 }\}$$

となる．ただし，
$$Z'_t = \sum_{k=0}^{t-1} N_k^{-1} Y_k + N_t^{-1} X_t, \qquad t = 0, 1, \ldots, T$$

となる．また，この値が X_0 以下である場合には，このアメリカンデリバティブの保有者は時刻 0 で行使するのが合理的となる．

4.5 株式と割引債の三項モデル（非完備モデルの簡単な例）

第 2 章の 2.3 節では，完備なモデルの簡単な例として二項モデルを述べた．そこでは，市場で取引できるのは株と債券の 2 種類とし，各時刻の各状態において，次に起こる可能性は 2 つとした．

ここでは，証券の数は 2 種類であるとしたまま，各時刻の各状態において次に起こる可能性を 3 つとすることで，非完備モデルの簡単な例をつくり，その上でデリバティブの価格付けをみてみよう．

4.5.1 モデル

2.3 節の例と同様, 時刻は 0 から T までとする. ここでは, 確率空間 $(\Omega, \mathcal{F}, P)$ を次のものとする. まず, $\Omega = \{0, 1, 2\}^T$ とし, $\mathcal{F} = 2^\Omega$ (Ω のすべての部分集合からなる集合族) とする. 各 $\omega \in \Omega$ は,

$$\omega = \omega_1 \omega_2 \ldots \omega_T, \qquad \omega_i = 0, 1, \text{または } 2, \ i = 1, 2, \ldots, T$$

のように表される. 確率測度 P は, すべての $\omega \in \Omega$ に対して $P(\{\omega\}) > 0$ であるとする.

$0, 1, 2$ からなる長さ t の任意の列 $\omega_1 \ldots \omega_t$ に対して, 最初の t 個が $\omega_1 \ldots \omega_t$ である事象を

$$A_{\omega_1 \ldots \omega_t} = \{\tilde{\omega} = \tilde{\omega}_1 \tilde{\omega}_2 \ldots \tilde{\omega}_T \in \Omega; \ \tilde{\omega}_i = \omega_i, i = 1, 2, \ldots, t\}$$

とおき, フィルトレーション $\{\mathcal{F}_t\}_t$ を

$$\mathcal{F}_t = \sigma(A_{\omega_1 \ldots \omega_t}; \ \omega_i = 0, 1 \text{ または } 2, i = 1, 2, \ldots, t)$$

とする.

さて, 市場で取引可能なのは, 株式と T を満期とする割引債の 2 つとする.

割引債の配当は, 満期 T では状態 $\omega \in \Omega$ によらず 1 であり, それ以前の時刻では状態によらず 0 である. 時刻 t での割引債の配当落ち価格 B_t は, r を定数として $B_t = (1+r)^{-(T-t)}$ とする ($t < T$). 時刻 T で配当支払いが行われると契約が終了することから, 時刻 T での配当落ち価格は $B_T(\omega) = 0$ である.

株式については, すべての時刻 t で状態によらず配当はないとし, 配当落ち価格 S_t は次の通りとする. 時刻 0 での株価を S_0 とし, $a > b > c > 0$ を定数として,

$$S_{t+1}(\omega_1 \ldots \omega_t 0) = S_t(\omega_1 \ldots \omega_t) a,$$
$$S_{t+1}(\omega_1 \ldots \omega_t 1) = S_t(\omega_1 \ldots \omega_t) b,$$
$$S_{t+1}(\omega_1 \ldots \omega_t 2) = S_t(\omega_1 \ldots \omega_t) c$$

とする. 図 4.1 は, 時刻 0 から時刻 2 までの株価の推移を表したものである.

割引債 1 単位を満期まで保有する戦略がニュメレールの要件を満たしてい

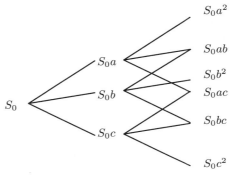

図 4.1 三項モデル

ることから,これを N_t としよう.すなわち,

$$N_t = (1+r)^{-(T-t)}, \ t=0,1,\ldots,T$$

とおく.このとき,このモデルが無裁定であるための必要十分条件は,$\dfrac{S_t}{N_t} = (1+r)^{(T-t)}S_t$ がマルチンゲールとなる確率測度が存在することである.

いま,Q を $(\Omega, \mathcal{F})$ 上の,P と同値な確率測度としよう.$N_t^{-1}S_t = (1+r)^{(T-t)}S_t$ が Q-マルチンゲールであるための必要十分条件は,すべての t に対して,

$$E^Q[S_{t+1}|\mathcal{F}_t] = (1+r)S_t$$

が成り立つことである.ここで,各時刻 t までの文字列が $\omega_1\omega_2\ldots\omega_t$ であったとき,次の $t+1$ 番目の文字が $0,1,2$ である条件付き確率をそれぞれ

$$\begin{aligned}
q_t^0(\omega_1\ldots\omega_t) &= Q(A_{\omega_1\ldots\omega_t 0}|A_{\omega_1\ldots\omega_t}), \\
q_t^1(\omega_1\ldots\omega_t) &= Q(A_{\omega_1\ldots\omega_t 1}|A_{\omega_1\ldots\omega_t}), \\
q_t^2(\omega_1\ldots\omega_t) &= Q(A_{\omega_1\ldots\omega_t 2}|A_{\omega_1\ldots\omega_t})
\end{aligned}$$

とおく.なお,

$$q_t^0(\omega_1\ldots\omega_t) + q_t^1(\omega_1\ldots\omega_t) + q_t^2(\omega_1\ldots\omega_t) = 1, \tag{4.3}$$

$$0 < q_t^i(\omega_1\ldots\omega_t) < 1, \ i=0,1,2 \tag{4.4}$$

でなければならない.このとき,$N_t^{-1}S_t = (1+r)^{(T-t)}S_t$ が Q-マルチンゲー

ルであるためには,

$$aq_t^0(\omega_1\ldots\omega_t) + bq_t^1(\omega_1\ldots\omega_t) + cq_t^2(\omega_1\ldots\omega_t) = 1+r \qquad (4.5)$$

がすべての t とすべての状態で成立することが必要十分となる．(4.3), (4.5) 式から

$$q_t^0(\omega_1\ldots\omega_t) = \frac{1+r-c-(b-c)q_t^1(\omega_1\ldots\omega_t)}{a-c},$$
$$q_t^2(\omega_1\ldots\omega_t) = \frac{a-(1+r)-(a-b)q_t^1(\omega_1\ldots\omega_t)}{a-c}$$

を得る．このとき，$q_t^0(\omega_1\ldots\omega_t), q_t^1(\omega_1\ldots\omega_t), q_t^2(\omega_1\ldots\omega_t) > 0$ であるためには，

$$0 < q_t^1(\omega_1\ldots\omega_t) < \min\left\{\frac{1+r-c}{b-c}, \frac{a-(1+r)}{a-b}\right\}$$

でなければならない．したがって，(4.3), (4.4), および (4.5) 式を満たす $q_t^0(\omega_1\ldots\omega_t), q_t^1(\omega_1\ldots\omega_t), q_t^2(\omega_1\ldots\omega_t)$ が存在するためには，

$$\min\left\{\frac{1+r-c}{b-c}, \frac{a-(1+r)}{a-b}\right\} > 0,$$

すなわち，$a > 1+r > c$ であることが必要十分である．以下，

$$q_{\max} = \min\left\{\frac{1+r-c}{b-c}, \frac{a-(1+r)}{a-b}\right\}$$

とおく．

4.5.2 EMM の構造

以上の計算により，このモデルにおける，N に関する EMM の全体 $\mathcal{E}_N$ は，次のようになる．

$Q \in \mathcal{E}_N$

$\iff$ 適合過程 $\{q_t\}_{t=0}^{T-1}$ で,

任意の t と任意の ω に対し $0 < q_t(\omega) < q_{\max}$ を満たし，かつ

任意の $\omega_1\ldots\omega_T \in \Omega$ に対し

$$Q(\{\omega_1\ldots\omega_T\}) = \prod_{t=1}^{T} q^{\omega_t}(q_{t-1}(\omega_1\ldots\omega_{t-1}))$$

を満たすものが存在する．

ただし，

$$q^0(q) = \frac{1+r-c-(b-c)q}{a-c},$$
$$q^1(q) = q,$$
$$q^2(q) = \frac{a-(1+r)-(a-b)q}{a-c}$$

とおいた．ここで，各 $q^{\omega_t}(q_t(\omega_1 \ldots \omega_{t-1}))$ は，

$$q^{\omega_t}(q_{t-1}(\omega_1 \ldots \omega_{t-1})) = Q(A_{\omega_1 \ldots \omega_{t-1}\omega_t} | A_{\omega_1 \ldots \omega_{t-1}})$$

であり，N に関する EMM である Q と，適合過程 $\{q_t\}_{t=0}^{T-1}$ が 1 対 1 に対応する．

この $\mathcal{E}_N$ を，4.3 節で導入した記号に沿ってみよう．そのために，実確率 P のもとでの条件付き確率 p_t を次で定義しよう．

$$p_t^0(\omega_1 \omega_2 \ldots \omega_t) = P(A_{\omega_1 \omega_2 \ldots \omega_t 0} | A_{\omega_1 \omega_2 \ldots \omega_t}),$$
$$p_t^1(\omega_1 \omega_2 \ldots \omega_t) = P(A_{\omega_1 \omega_2 \ldots \omega_t 1} | A_{\omega_1 \omega_2 \ldots \omega_t}),$$
$$p_t^2(\omega_1 \omega_2 \ldots \omega_t) = P(A_{\omega_1 \omega_2 \ldots \omega_t 2} | A_{\omega_1 \omega_2 \ldots \omega_t}).$$

このとき，4.3 節で導入した，$\mathcal{F}_t$-可測確率変数からなる集合 Ξ_t^N は，次のようになる．

$$\Xi_t^N = \Big\{ \xi;\; \xi(\omega_1 \ldots \omega_{t-1} 0) = \frac{q^0(q)}{p_{t-1}^0(\omega_1 \ldots \omega_{t-1})},$$
$$\xi(\omega_1 \ldots \omega_{t-1} 1) = \frac{q}{p_{t-1}^1(\omega_1 \ldots \omega_{t-1})},$$
$$\xi(\omega_1 \ldots \omega_{t-1} 2) = \frac{q^2(q)}{p_{t-1}^2(\omega_1 \ldots \omega_{t-1})},\quad 0 < q < q_{\max} \Big\}.$$

定理 4.3.4 より，

$$\mathcal{E}_N = \Big\{ Q;\; \frac{dQ}{dP} = \prod_{t=1}^{T} \xi_t,\; \xi_t \in \Xi_t^N, t = 1, \ldots, T \Big\}$$

であるが，この右辺は，冒頭の $\mathcal{E}_N$ と一致する．

4.5.3　コールオプションの価格付け

例として，T を満期とし，行使価格 K の，株に対するヨーロピアンコールオプションを考えよう．このモデルでは，時刻 T に起こりうる株価は，

$$\{S_0 a^i b^j c^k;\ i+j+k=T,\ 0 \leqq i,j,k\}$$

であり，その最大値は $S_0 a^T$，最小値は $S_0 c^T$ である．$K \geqq S_0 a^T$ の場合は，確率 1 でアウトオブザマネーすなわち，$(S_T - K)^+ = 0$ であることから，オプション価値は 0 である．実際，任意の $Q \in \mathcal{E}_N$ に対して，$N_0 E^Q[(S_T - K)^+ N_T^{-1}] = 0$ である．また，$K \leqq S_0 c^T$ の場合は，確率 1 でインザマネーすなわち，$(S_T - K)^+ = S_T - K$ であることから，これは実質，先渡し契約と同じである．実際，任意の $Q \in \mathcal{E}_N$ に対して，$N_0 E^Q[(S_T - K)^+ N_T^{-1}] = S_0 - K(1+r)^{-T}$ となり，これがこのオプションの価値である．またこの場合，債券を額面 K 分売りもち，株を 1 単位保有する戦略が，このオプションを確率 1 で過不足なく複製する．

一方，$S_0 c^T < K < S_0 a^T$ の場合は，このオプションを確率 1 で複製する戦略は存在しない．4.1 節で述べた通り，このオプションの無裁定価格 v は，

$$\inf_{Q \in \mathcal{E}_N} N_0 E^Q[(S_T - K)^+ N_T^{-1}] \leqq v \leqq \sup_{Q \in \mathcal{E}_N} N_0 E^Q[(S_T - K)^+ N_T^{-1}]$$

である．そして，

$$\begin{aligned}
&\left\{ N_0 E^Q\left[(S_T - K)^+ N_T^{-1}\right];\ Q \in \mathcal{E}_N \right\} \\
&= \Big\{ (1+r)^{-T} \sum_{\omega_1 \ldots \omega_T \in \Omega} (S_T(\omega_1 \ldots \omega_T) - K)^+ \prod_{t=1}^{T} q^{\omega_t}(q_{t-1}(\omega_1 \ldots \omega_{t-1})) \\
&\quad\quad ;\ \{q_t\}_{t=0}^{T-1} \text{ は } (0, q_{\max})\text{-値適合過程} \Big\}
\end{aligned}$$

であり，$\dfrac{x_0(b-c) + x_2(a-b)}{a-c} \geqq x_1$ ならば $q^{(0)}(\varepsilon)x_0 + q^{(1)}(\varepsilon)x_1 + q^{(2)}(\varepsilon)x_2$ が ε について非増加であることから v の上限下限は次のようになることがわかる．

$$\sup_{Q\in\mathcal{E}_N} N_0 E^Q[(S_T-K)^+ N_T^{-1}]$$
$$= \lim_{\varepsilon\downarrow 0}(1+r)^{-T}\sum_{\omega_1\ldots\omega_T\in\Omega}\left(S_T(\omega_1\ldots\omega_T)-K\right)^+\prod_{t=1}^T q^{\omega_t}(\varepsilon)\right)$$
$$= (1+r)^{-T}\sum_{i=0}^T (S_0 a^i c^{T-i}-K)^+\, {}_TC_i\left(\frac{1+r-c}{a-c}\right)^i\left(\frac{a-(1+r)}{a-c}\right)^{T-i}$$

であり，
$$\inf_{Q\in\mathcal{E}_N} N_0 E^Q[(S_T-K)^+ N_T^{-1}]$$
$$= \lim_{\varepsilon\uparrow q_{\max}}(1+r)^{-T}\sum_{\omega_1\ldots\omega_T\in\Omega}\left(S_T(\omega_1\ldots\omega_T)-K\right)^+\prod_{t=1}^T q^{\omega_t}(\varepsilon)\right)$$

である．$\dfrac{1+r-c}{b-c} \geqq \dfrac{a-(1+r)}{a-b}$ の場合，

$$\inf_{Q\in\mathcal{E}_N} N_0 E^Q[(S_T-K)^+ N_T^{-1}]$$
$$= (1+r)^{-T}\sum_{i=0}^T (S_0 a^i b^{T-i}-K)^+\, {}_TC_i\left(\frac{1+r-b}{a-b}\right)^i\left(\frac{a-(1+r)}{a-b}\right)^{T-i}$$

で，$\dfrac{1+r-c}{b-c} < \dfrac{a-(1+r)}{a-b}$ の場合，

$$\inf_{Q\in\mathcal{E}_N} N_0 E^Q[(S_T-K)^+ N_T^{-1}]$$
$$= (1+r)^{-T}\sum_{i=0}^T (S_0 b^i c^{T-i}-K)^+\, {}_TC_i\left(\frac{1+r-c}{b-c}\right)^i\left(\frac{b-(1+r)}{b-c}\right)^{T-i}$$

となる．

$V_t(s)$
$$= (1+r)^{-(T-t)}\sum_{i=0}^{T-t}(sa^i c^{T-t-i}-K)^+\, {}_{T-t}C_i\left(\frac{1+r-c}{a-c}\right)^i\left(\frac{a-(1+r)}{a-c}\right)^{T-t-i}$$

とおくと，時刻 t に株価が S_t であるときの，このコールオプション価格の上限は $V_t(S_t)$ である．そして，時刻 0 での初期資金を $V_0(S_0)$ とし，各時刻 t での取引直後の株の保有数を

$$\frac{V_{t+1}(aS_t)-V_{t+1}(cS_t)}{(a-c)S_t}$$

とする自己充足的ポートフォリオ戦略は，このコールオプションを定義 4.1.1

の意味でヘッジする.このヘッジ戦略の時刻 t での価値を X_t とおくと,オプション価格の上限との差額 $X_t - V_t(S_t)$ は,次に $\omega_{t+1} = 0$ または 2 が起きれば,

$$X_{t+1} - V_{t+1}(S_{t+1}) = (1+r)(X_t - V_t(S_t))$$

と債券利回り分増えるだけであるが,$\omega_{t+1} = 1$ が起きれば,

$$X_{t+1} - V_{t+1}(S_{t+1}) \geqq (1+r)(X_t - V_t(S_t))$$

と,それ以上に差が広がる.

4.5.4 デリバティブ取引の追加とモデルの完備化

前項で考察した通り,この三項モデルのもとでは,$S_0 c^T < K < S_0 a^T$ であるような行使価格 K のコールオプションの無裁定価格は一意に定まらず,ある一定の上限下限の間の値であればよかった.そこで仮に,上限下限の間の値 v でコールの価格が付いたとしよう.4.1 項で述べた通り,$v = N_0 E^Q[(S_T - K)^+ N_T^{-1}]$ を満たす $Q \in \mathcal{E}_N$ が存在する.

さていまそれに加えて,同じ満期 T で,行使価格も同じ K の,ヨーロピアンプットの時刻 0 での価格も考えたいとしよう.この場合,コールを 1 単位買いもち,プットを 1 単位売りもち,株を 1 単位売りもち,額面 K 分の割引債を買いもつというポートフォリオは,T での価値が確率 1 で 0 となる.このことから,コールが決まればプットの価格も自動的に決まる.すなわち,コール価格が $v = N_0 E^Q[(S_T - K)^+ N_T^{-1}]$ として付いたのであれば,プットの価格も $N_0 E^Q[(K - S_T)^+ N_T^{-1}]$ と等しくしない限り裁定機会が生じてしまうことになる.

では,異なる行使価格 $K' < K$ のコールを追加的に考え,その価格を v' とした場合はどうであろうか.この場合は,1.2 節の性質 2 で述べた通り,$v' < v$ ならば裁定機会をもつ戦略が存在してしまうが,$v' \geqq v$ であれば,$v' \neq N_0 E^Q[(S_T - K')^+ N_T^{-1}]$ であったとしても裁定機会が生じているとは必ずしもいえない.

このように,時刻 0 という 1 時点においてのみ売買可能なデリバティブとして価格を考えるのであれば,すでに述べた非完備の場合のデリバティブ価

格の議論の通りである．では時刻 0 だけではなく，満期までのすべての時刻での価格を考える場合は，どのように解釈できるのであろうか．

この節では非完備なモデルの例として，株式と債券の 2 種類を取引可能な証券であると想定したうえで，これらの価格過程に三項モデルを仮定して述べてきた．ここで，モデルの最終時刻である T までいつでも自由に取引できる第 3 の証券として，株式と債券とからなる自己充足的ポートフォリオから複製することのできない，あるデリバティブ取引が市場に登場することを想定しよう．市場に登場するということはすなわち，時々刻々，市場で価格が何らかの値として一意に決定されるという意味である．このデリバティブ価格を，単に時々刻々と市場で付く実数値というだけで，確率過程としてモデルに追加するというのでないならば，三項モデルは非完備モデルのままであり，デリバティブ価格もこれまで述べたように一定の上下限の間であればよいということにしかならない．

ところが，このデリバティブの価格を適合過程 V_t として扱いたいとなると，モデルを拡張する必要がある．

各時刻 t での価格 V_t が元の確率空間 $(\Omega, \mathcal{F}, P)$ 上の確率変数ではない場合（V_t が $\mathcal{F}$-可測でない場合）は，確率空間 $(\Omega, \mathcal{F}, P)$ およびフィルトレーション $\{\mathcal{F}_t\}$ 自体を拡張する必要（たとえば四項モデルになるなど）がある．そのため確率測度全体からなる集合も大きくなり，EMM の自由度も増すので，取引可能な証券の種類が増えても一般には完備にはならない．

しかしもし，各時刻 t での価格 V_t が元のフィルトレーション付き確率空間 $(\Omega, \mathcal{F}, P, \{\mathcal{F}_t\})$ 上の適合確率過程であるとしてモデルに追加するというのであれば，それはすなわち，状態 ω で時刻 t のときのデリバティブ価格 V_t を，$\mathcal{F}_t$-可測関数として市場参加者が知っていると仮定することを意味する．この場合は，元の確率空間もフィルトレーションも，変える必要はない．そして，この価格過程がモデルに追加され，さらにそれを自由に売り買いできるということは，実行可能なポートフォリオ戦略全体の集合が拡大されることを意味する．たとえば，この三項モデルにおいて，行使価格 K が $S_0 c^T < K < S_0 a^T$ を満たすコールオプションが，裁定機会を生じさせない価格過程として追加される場合は，戦略が拡張されたモデルは完備となる．したがって，元のモデルでは複数存在する EMM の中の，ある 1 つの測度 Q が拡張モデルにおける唯一の EMM となり，つねに $V_t = N_t E[V_T N_T^{-1} | \mathcal{F}_t]$ となっていなければな

らないことになる．直観的にいえば，取引可能な証券が増えることで，実行可能な取引戦略が拡大し，EMM が満たすべき要件が増え，自由度が下がった結果完備になった例である．すなわち，市場のモデルとしてデリバティブ価格過程が追加されるということは，単に市場で時々刻々と実数値の値段が付くというだけでなく，適合過程としての確率的構造を市場参加者は知っているということまで仮定されることで，結果的に EMM が一意になったことになる．

なお一般には，ここで述べたような意味で，確率空間とフィルトレーション自体を変えずに非完備モデルを完備なモデルにするには，新たに証券を追加した結果，証券の種類の数が，少なくともマルチンゲール次元[1] プラス 1 以上になるように，新しい証券を追加する必要がある．

4.6 複雑なデリバティブについて

モデルが完備でない場合は，デリバティブのヘッジをするために市場で取引されているデリバティブを保有してリスクを減らすことをしばしば考える．複数種類のアメリカンデリバティブを売り，ヘッジのために複数種類のヨーロピアンデリバティブを保有するなどというようなことを行った場合，完備ではないので個々のデリバティブを分離して評価して加えるというようなことはできない．そのために，複雑な設定のデリバティブを考える必要がある．さらに一般化することも可能であるが，この本ではわかりやすさのために以下のように限定されたデリバティブを考える．

いま，デリバティブを販売した主体（金融機関など）をプレーヤー I とし，デリバティブを購入した主体の全体をプレーヤー II と考え，デリバティブの行使などをプレーヤー II のとるゲームの手と考える．各時刻においてプレーヤー II の考えうる手の全体を A とし，プレーヤー II が時刻 1 から T まで打つ手の組合せを $(a_1, a_2, \ldots, a_T) \in A^T$ と考える．簡単のため A は有限集合とする．以下がモデルの設定である．

$\Delta \in A$ を 1 つダミーとして定めておく．さて，プレーヤー II は各時刻 t に

---

[1] $(\Omega, \mathcal{F}, P, \{\mathcal{F}_t\})$ 上のマルチンゲールの組 $M_t = (M^1, \ldots, M^d)$ が次を満たすとしよう．「任意のマルチンゲール過程 L に対し，$L_t = (a \cdot M)_t$ を満たす $a \in L_{\text{pre}}^d$ が存在する．」このような性質をもつマルチンゲールの組の大きさ d の最小値をマルチンゲール次元という．

A から手 a_t を選び，プレーヤー I に対して提示する．ただし，過去に選んだ手の履歴 $(a_1,\ldots,a_{t-1})$ および状態 ω に依存して，プレーヤー II が選択可能な手は限定されるものとする．ただし，Δ はいつでも選ぶことができる．時刻 t に選択可能な手であるかどうかを判定する関数として，ρ_t を以下のように定義する．すなわち，$\rho_t: A^t \times \Omega \to \{0,1\}, t=1,\ldots,T$ は以下を満たす関数とする．

(1) $\rho_t(\Delta, a_1,\ldots,a_{t-1},\omega) = 1$ がすべての $a_1,\ldots,a_{t-1} \in A, \omega \in \Omega$ に対して成立する．

(2) 任意の $a_1,\ldots,a_{t-1} \in A$ に対してプレーヤー II が過去に選んだ手の履歴が $(a_1,\ldots,a_{t-1})$ であるとき，任意の $a \in A$ に対し，$\rho_t(a, a_1,\ldots,a_{t-1})$ は $\mathcal{F}_t$-可測で，時刻 t にプレーヤー II は $\{a \in A;\ \rho_t(a, a_1,\ldots,a_{t-1}) = 1\}$ の中からしか手を選べないものとする．

また，$X_t: A^t \times \Omega \to \mathbf{R}, t=1,\ldots,T$ は以下を満たす関数とする．

$$\{\omega \in \Omega;\ X_t(a_1,\ldots,a_t,\omega) = x\} \in \mathcal{F}_t$$

がすべての $x \in \mathbf{R}$ に対して成立する．

このとき，プレーヤー II が過去に選んだ手の履歴が $(a_1,\ldots,a_t)$ であり状態が ω であるとき，プレーヤー I はプレーヤー II に対して $X_t(a_1,\ldots,a_t,\omega)$ を支払う．

プレーヤー I は各時刻 t にポートフォリオをプレーヤー II の手をみた直後に組替ることができるものとする．

$\tilde{\Theta}$ は以下を満たす $\tilde{\theta} = (\tilde{\theta}_1,\ldots,\tilde{\theta}_T)$ の族とする．

(1) 各 $t=1,\ldots,T$ に対して，$\tilde{\theta}_t$ は $A^{t-1} \times \Omega$ から $\mathbf{R}^d$ への写像である．

(2) 各 $t=1,\ldots,T$ および $a_1,\ldots,a_{t-1} \in A$ に対して

$$\{\omega \in \Omega;\ \theta_t(a_1,\ldots a_{t-1},\omega) = z\} \in \mathcal{F}_{t-1}, \qquad z \in \mathbf{R}^d.$$

$\tilde{\theta} \in \tilde{\Theta}$ は時刻 t でプレーヤー II の手の履歴が $(a_1,\ldots,a_t)$ であり状態が ω のとき，ポートフォリオを $\tilde{\theta}_{t+1}(a_1,\ldots,a_t,\omega)$ に組替えていくという取引戦略と理解する．なお，$\tilde{\theta}_0 = 0, \tilde{\theta}_{T+1} = 0$ と定める．このとき，$\tilde{\delta}_t^{\tilde{\theta}}: A^t \times \Omega \to \mathbf{R}$, $t=0,1,\ldots,T$ を

$$\tilde{\delta}_t^{\tilde{\theta}}(a_1,\ldots,a_t,\omega)$$
$$= \tilde{\theta}_t(a_1,\ldots,a_{t-1},\omega) \cdot (S_{t-1}(\omega) + \delta_t(\omega)) - \tilde{\theta}_{t+1}(a_1,\ldots,a_t,\omega) \cdot S_t(\omega)$$

とおく．ただし，$\tilde{\theta}_0 = 0$, $\tilde{\theta}_{T+1} = 0$ と定める．$\tilde{\delta}_t^{\tilde{\theta}}(a_1,\ldots,a_t,\omega)$ は取引戦略 $\tilde{\theta} \in \tilde{\Theta}$ をとったとき，時刻 t でプレーヤー II の手の履歴が $(a_1,\ldots,a_t)$ であり状態が ω のときに得られる配当である．

さて，$\tilde{\theta} \in \tilde{\Theta}$ が X をヘッジするとは，すべての $t = 1,\ldots,T$ に対して $(a_1,\ldots,a_t) \in A^t, \omega \in \Omega$ が $\rho_t(a_t,a_1,\ldots,a_{t-1},\omega) = 1$ を満たすならば

$$X_t(a_1,\ldots,a_t,\omega) \leqq \tilde{\delta}_t^{\tilde{\theta}}(a_1,\ldots,a_t,\omega)$$

となるものと定義する．さらに

$$r = \inf\{-\tilde{\delta}_0^{\tilde{\theta}};\ \tilde{\theta} \in \tilde{\Theta}\ \text{は}\ X\ \text{をヘッジする}\}$$

と定義する．

$\tilde{A}$ は以下の性質を満たす $\alpha = (\alpha_1,\ldots,\alpha_T)$ の集合とする．
(1) α_t は Ω から A への $\mathcal{F}_t$-可測写像．
(2) $t = 1,\ldots,T$ および $\omega \in \Omega$ に対して

$$\rho_t(\alpha_t(\omega),\alpha_1(\omega),\ldots,\alpha_{t-1}(\omega),\omega) = 1.$$

このとき，次が成立する．

定理 4.6.1 N はニュメレールとする．このとき，次が成り立つ．

$$r = \sup\left\{\sum_{t=1}^T E^Q[N_0 N_t^{-1} X_t(\alpha_1,\ldots,\alpha_t)];\ Q \in \mathcal{E}_N, \alpha \in \tilde{A}\right\}.$$

この定理は定理 4.1.3, 4.2.3 の拡張である．証明のためにいくつかの準備をしよう．以下では，ニュメレール N を固定して考える．

命題 4.6.2 次が成り立つ．

$$r \geqq \sup\left\{\sum_{t=1}^T E^Q[N_0 N_t^{-1} X_t(\alpha_1,\ldots,\alpha_t)];\ Q \in \mathcal{E}_N, \alpha \in \tilde{A}\right\}.$$

証明 $\tilde{\theta} \in \tilde{\Theta}$ は X をヘッジする戦略とする．このとき，任意の $\alpha \in \tilde{A}$ に対して，$\theta \in L_{\text{pre}}^d$ を

$$\theta_t = \tilde{\theta}_t(\alpha_1, \ldots, \alpha_{t-1}), \qquad t = 1, \ldots, T$$

で定めると

$$\delta_t^\theta = \tilde{\delta}^{\tilde{\theta}}(\alpha_1, \ldots, \alpha_t), \qquad t = 0, \ldots, T$$

となり，$X_t(\alpha_1, \ldots, \alpha_t) \leqq \delta_t^\theta$ となるので，すべての $Q \in \mathcal{E}_N$ に対して

$$\sum_{t=1}^T E^Q[X_t(\alpha_1, \ldots, \alpha_t)] \leqq E^Q\left[\sum_{t=1}^T \delta_t^\theta\right] = -\delta_0^\theta = -\tilde{\delta}_0^{\tilde{\theta}}$$

となる．これより主張を得る． ∎

反対の不等式をまず特別な場合に示す．

命題 4.6.3 $\rho_t \equiv 1, t = 1, \ldots, T$ を仮定する．このとき，次が成り立つ．

$$r \leqq \sup\left\{\sum_{t=1}^T E^Q[N_0 N_t^{-1} X_t(\alpha_1, \ldots, \alpha_t)]; Q \in \mathcal{E}_N, \alpha \in \tilde{A}\right\}.$$

証明 $U_T : A^T \times \Omega \to \mathbf{R}, t = T, T-1, \ldots, 1$ を

$$U_T(a_1, \ldots, a_T, \omega) = \sum_{k=1}^T N_k(\omega)^{-1} X_k(a_1, \ldots, a_k, \omega),$$

$$a_1, \ldots, a_T \in A, \ \omega \in \Omega$$

で定める．さらに，$\tilde{U}_t : A^{t-1} \times \Omega \to \mathbf{R}, t = T, T-1, \ldots, 1$ および $U_t : A^t \times \Omega \to \mathbf{R}, t = T-1, \ldots, 0$ を帰納的に次のように定める．

$$\tilde{U}_t(a_1, \ldots, a_{t-1}, \omega) = \sup\{U_t(a_1, \ldots, a_{t-1}, a, \omega); \ a \in A\},$$
$$U_{t-1}(a_1, \ldots, a_{t-1}, \omega) = \sup\{E[\tilde{U}_t(a_1, \ldots, a_{t-1})\xi|\mathcal{F}_{t-1}]; \ \xi \in \Xi_t\},$$
$$t = T, T-1, \ldots, 1.$$

容易にわかるように，$U_t(a_1, \ldots, a_t, \cdot) : \Omega \to \mathbf{R}, \tilde{U}_t(a_1, \ldots, a_{t-1}, \cdot) : \Omega \to \mathbf{R}$ は $\mathcal{F}_t$-可測である．

命題 4.3.5 より各 $a_1, \ldots, a_{t-1} \in A$ に対して $\mathcal{F}_{t-1}$-可測な $\mathbf{R}^d$-値確率変数 $\eta_t(a_1, \ldots, a_{t-1})$ が存在して

$$U_{t-1}(a_1, \ldots, a_{t-1}) - \tilde{U}_t(a_1, \ldots, a_{t-1}) \geqq -\eta_t(a_1, \ldots, a_{t-1}) \cdot (G_t^{N-1} - G_{t-1}^{N-1})$$

が成立する.とくに

$$U_t(a_1,\ldots,a_{t-1},a_t) - U_{t-1}(a_1,\ldots,a_{t-1}) \leqq \eta_t(a_1,\ldots,a_{t-1}) \cdot (G_t^{N-1} - G_{t-1}^{N-1})$$

がすべての $a_1,\ldots,a_t \in A$ に対して成立する.
$\tilde{\eta} \in \tilde{\Theta}$ を

$$\tilde{\eta}_t(a_1,\ldots,a_{t-1}) = \eta_t(a_1,\ldots,a_{t-1})$$

で定義する.

さて,$\tilde{\theta} \in L_{\mathrm{pre}}^d$ を定義 2.2.7(1) を満たす自己充足的戦略とし,$\tilde{\theta}^{(s)} \in L_{\mathrm{pre}}^d$,$s = 1,\ldots,T-1$ を $\tilde{\theta}_t^{(s)} = -\mathbf{1}_{\{t-1 \geqq s\}} \tilde{\theta}_t$,$t = 1,\ldots,T$ で定義する.このとき,定理 2.5.6 より $t = 0,1,\ldots,T$ に対して

$$\delta_t^{\tilde{\theta}^{(s)}} = \begin{cases} 0, & t \neq s, T, \\ N_s, & t = s, \\ -N_T, & t = T \end{cases}$$

がわかり,よって $-\tilde{\theta}_{s+1}^{(s)} \cdot S_s = \delta_s^{\tilde{\theta}^{(s)}} = N_s$ となることがわかる.
$\tilde{\gamma} \in \tilde{\Theta}$ を

$$\begin{aligned}&\tilde{\gamma}_t(a_1,\ldots,a_{t-1}) \\&= \sum_{s=1}^{t-1} N_s^{-1} X_s(a_1,\ldots,a_s)\tilde{\theta}_t^{(s)} - \sum_{s=1}^{t-1} N_s^{-1}\tilde{\delta}_s^{\tilde{\eta}}(a_1,\ldots,a_s)\tilde{\theta}_t^{(s)} \\&\quad + \tilde{\eta}_t(a_1,\ldots,a_{t-1}) + (U_0 - \eta_0 G^{N-1})\tilde{\theta}_t\end{aligned}$$

で定める.$\tilde{\theta}_t^{(s)} = 0$,$s \geqq t$ より形式的には

$$\begin{aligned}&\tilde{\gamma}_t(a_1,\ldots,a_{t-1}) \\&= \sum_{s=1}^{T-1} N_s^{-1} X_s(a_1,\ldots,a_s)\tilde{\theta}_t^{(s)} - \sum_{s=1}^{T-1} N_s^{-1}\tilde{\delta}_s^{\tilde{\eta}}(a_1,\ldots,a_s)\tilde{\theta}_t^{(s)} \\&\quad + \tilde{\eta}_t(a_1,\ldots,a_{t-1}) + (U_0 - \eta_0 G^{N-1})\tilde{\theta}_t\end{aligned}$$

と書けることに注意する.よって,$t = 1,\ldots,T-1$ に対して

$$\begin{aligned}\tilde{\delta}_t^{\tilde{\gamma}}(a_1,\ldots,a_t) &= \sum_{s=1}^{T-1} N_s^{-1} X_s(a_1,\ldots,a_s)\delta_t^{\tilde{\theta}^{(s)}} - \sum_{s=1}^{T-1} N_s^{-1}\tilde{\delta}_s^{\tilde{\eta}}(a_1,\ldots,a_s)\delta_t^{\tilde{\theta}^{(s)}} \\&\quad + \tilde{\delta}_t^{\tilde{\eta}}(a_1,\ldots,a_t) = X_t(a_1,\ldots,a_t)\end{aligned}$$

となる. また,

$$
\begin{aligned}
&\tilde{\delta}_T^{\tilde{\gamma}}(a_1,\ldots,a_T) \\
&= -\sum_{s=1}^{T-1} N_s{}^{-1} X_s(a_1,\ldots,a_s) N_T + \sum_{s=1}^{T-1} N_s{}^{-1} \tilde{\delta}_s^{\tilde{\eta}}(a_1,\ldots,a_s) N_T \\
&\qquad + \tilde{\delta}_T^{\tilde{\eta}}(a_1,\ldots,a_T) + (U_0 - \eta_0 G^{N^{-1}}) N_T \\
&= -N_T \sum_{s=1}^{T-1} N_s{}^{-1} X_s(a_1,\ldots,a_s) \\
&\qquad + N_T \sum_{s=1}^{T-1} N_s{}^{-1} (\eta_s(a_1,\ldots,a_{s-1}) \cdot (S_s + \delta_s) - \eta_{s+1}(a_1,\ldots,a_s) \cdot S_s) \\
&\qquad + \eta_T(a_1,\ldots,a_{T-1}) \cdot (S_T + \delta_T) + (U_0 - \eta_0 G^{N^{-1}}) N_T \\
&= X_T(a_1,\ldots,a_T) - N_T U_T(a_1,\ldots,a_T) \\
&\qquad + N_T \sum_{s=1}^{T} \eta_s(a_1,\ldots,a_{s-1}) \cdot (G_s^{N^{-1}} - G_{s-1}^{N^{-1}}) + N_T U_0 \\
&\geqq X_T(a_1,\ldots,a_T) - N_T U_T(a_1,\ldots,a_T) \\
&\qquad + N_T \left(\sum_{s=1}^{T} (U_s(a_1,\ldots,a_s) - U_s(a_1,\ldots,a_{s-1})) + U_0 \right) \\
&= X_T(a_1,\ldots,a_T).
\end{aligned}
$$

よって, $\tilde{\gamma}$ は X をヘッジする.

また,
$$\tilde{\delta}_0^{\tilde{\gamma}} = \tilde{\delta}_0^{\tilde{\eta}} - (U_0 - \eta_0 G^{N^{-1}}) N_0 = -N_0 U_0.$$

よって, $r \leqq N_0 U_0$ を得る.

$\tilde{U}$ の定義より, 以下の性質を満たす $\tilde{a}_t : A^{t-1} \times \Omega \to A$, $t = 1,\ldots,T$ が存在する.

$$\tilde{U}_t(a_1,\ldots,a_{t-1},\omega) = U_t(a_1,\ldots,a_{t-1},\tilde{a}_t(a_1,\ldots,a_{t-1},\omega),\omega).$$

$\tilde{a}_t(a_1,\ldots,a_{t-1},\cdot) : \Omega \to A$ はすべての $a_1,\ldots,a_{t-1} \in A$ に対して $\mathcal{F}_t$-可測である.

$\alpha_t : \Omega \to A$, $t = 1,\ldots,T$ を以下のように帰納的に定義する.

$$\alpha_1 = \tilde{a}_1,$$
$$\alpha_t = \tilde{a}_t(\alpha_1, \ldots, \alpha_{t-1}), \qquad t = 2, \ldots, T.$$

また，U, $\tilde{U}$ の定義より各 $a_1, \ldots, a_{t-1} \in A$ および $\varepsilon > 0$ に対して $\tilde{\xi}_t(a_1, \ldots, a_{t-1}, \varepsilon) \in \Xi_t$ が存在して

$$E[(U_{t-1}(a_1, \ldots, a_{t-1}) - \tilde{U}_t(a_1, \ldots, a_{t-1}))\tilde{\xi}_t(a_1, \ldots, a_{t-1}, \varepsilon)|\mathcal{F}_{t-1}] \leqq \varepsilon$$

となる．したがって，$\xi_t^{(\varepsilon)} = \tilde{\xi}_t(\alpha_1, \ldots, \alpha_{t-1}, \varepsilon)$ とおくと，$\xi_t^{(\varepsilon)} \in \Xi_t$, $t = 1, \ldots, T$ であり，

$$E[(U_{t-1}(\alpha_1, \ldots, \alpha_{t-1}) - U_t(\alpha_1, \ldots, \alpha_t))\xi_t^\varepsilon|\mathcal{F}_{t-1}] \leqq \varepsilon, \qquad t = 1, \ldots, T$$

が成立する．$Q^\varepsilon(A) = E[\prod_{s=1}^T \xi_t^\varepsilon, A]$, $A \in \mathcal{F}$ で定義される Q^ε は $\mathcal{E}_N$ に属する．また，

$$E^{Q^\varepsilon}[(U_{t-1}(\alpha_1, \ldots, \alpha_{t-1}) - U_t(\alpha_1, \ldots, \alpha_t))] \leqq \varepsilon, \qquad t = 1, \ldots, T.$$

したがって

$$r = N_0 U_0 \leqq N_0 T \varepsilon + E^{Q^\varepsilon}[N_0 U_T(\alpha_1, \ldots, \alpha_T)]$$
$$= N_0 T \varepsilon + \sum_{t=1}^T E^{Q^\varepsilon}[N_0 N_t^{-1} X_t(\alpha_1, \ldots, \alpha_t)].$$

$\varepsilon > 0$ は任意であったので，主張が成立する．■

以下で定理 4.6.1 の証明を行う．すなわち，ρ_t, $t = 1, \ldots, T$ が一般の場合を考える．

定理 4.6.1 の証明 $K \geqq 1$ を

$$K = 1 + \sum_{t=1}^T \max\{|N_t(\omega)^{-1} X_t(a_1, \ldots, a_t, \omega)|; \ a_1, \ldots, a_t \in A, \ \omega \in \Omega\}$$

とおき，$\tilde{X}_t : A^t \times \Omega \to \mathbf{R}$ を

$$\tilde{X}_t(a_1, \ldots, a_t, \omega) = \begin{cases} X_t(a_1, \ldots, a_t, \omega), & \rho_t(a_t, a_1, \ldots, a_{t-1}, \omega) = 1 \text{ のとき}, \\ -2TK, & \rho_t(a_t, a_1, \ldots, a_{t-1}, \omega) = 0 \text{ のとき} \end{cases}$$

とおく．

いま，$\hat{A}$ は各 $t = 1, \ldots, T$ に対して β_t は Ω から A への $\mathcal{F}_t$-可測写像であるようなものの組 $\beta = (\beta_1, \ldots, \beta_T)$ 全体の集合とする．

まず，以下の主張を示す．

主張 任意の $Q \in \mathcal{E}_N$ に対して

$$\sup \left\{ \sum_{t=1}^{T} E^Q[N_0 N_t^{-1} X_t(\alpha_1, \ldots, \alpha_t)]; \alpha \in \tilde{A} \right\}$$
$$= \sup \left\{ \sum_{t=1}^{T} E^Q[N_0 N_t^{-1} \tilde{X}_t(\beta_1, \ldots, \beta_t)]; \beta \in \hat{A} \right\}.$$

主張の証明 $\beta \in \hat{A}$ とする．このとき，$\tau : \Omega \to \{1, \ldots, T, T+1\}$ を

$$\tau(\omega) = \min\{t = 1, \ldots, T; \rho_t(\beta_t, \beta_1, \ldots, \beta_{t-1}, \omega) = 0\}$$

とする．ただし，$\min\{\emptyset\} = T + 1$ とする．いま，$\alpha \in \tilde{A}$ を以下のように定める．

$$\alpha_t(\omega) = \begin{cases} \beta_t(\omega), & t < \tau(\omega), \\ \Delta, & t \geqq \tau(\omega). \end{cases}$$

このとき，もし $\tau \leqq T$ ならば

$$\sum_{t=1}^{T} N_0 N_t(\omega)^{-1} \tilde{X}_t(\beta_1, \ldots, \beta_t, \omega)$$
$$\leqq N_0((T-1)K - 2TK) \leqq -N_0 TK$$
$$\leqq \sum_{t=1}^{T} N_0 N_t(\omega)^{-1} X_t(\alpha_1, \ldots, \alpha_t, \omega),$$

もし $\tau = T + 1$ ならば

$$\sum_{t=1}^{T} N_0 N_t(\omega)^{-1} \tilde{X}_t(\beta_1, \ldots, \beta_t, \omega)$$
$$= \sum_{t=1}^{T} N_0 N_t(\omega)^{-1} X_t(\alpha_1, \ldots, \alpha_t, \omega)$$

であるので，主張を得る．

主張より，

$$r_0 = \sup\left\{\sum_{t=1}^{T} E^Q[N_0 N_t^{-1} X_t(\alpha_1,\ldots,\alpha_t)]; Q \in \mathcal{E}_N, \alpha \in \tilde{A}\right\}$$

$$= \sup\left\{\sum_{t=1}^{T} E^Q[N_0 N_t^{-1} \tilde{X}_t(\beta_1,\ldots,\beta_t)]; Q \in \mathcal{E}_N, \beta \in \hat{A}\right\}$$

となる．よって，命題 4.6.3 より，任意の $\varepsilon > 0$ に対して $\tilde{\theta} \in \tilde{\Theta}$ が存在して $-\tilde{\delta}_0^{\tilde{\theta}} \leqq r_0 + \varepsilon$ かつ

$$\tilde{X}_t(a_1,\ldots,a_t) \leqq \tilde{\delta}_t^{\tilde{\theta}}(a_1,\ldots,a_t), \qquad t = 1,\ldots,T,\ a_1,\ldots,a_t \in A$$

が成立する．このとき，$\tilde{X}$ の定義より $\tilde{\theta}$ は X をヘッジすることがわかる．したがって，$r \leqq r_0 + \varepsilon$ となる．ε は任意であるので，$r \leqq r_0$ が成り立つ．命題 4.6.2 と合わせて，定理の主張を得る． ∎

第5章 連続時間モデル

この章では，連続時間の枠組みで，デリバティブの価格付けについて述べたい．ただし，証明が難解な定理については，結果の紹介にとどめる．

まず5.1節では，実務に広く応用されているブラック–ショールズ (Black-Scholes) モデルを例として紹介する．そして 5.2 節以降では連続時間の市場モデルの一般論について述べるが，そこでは連続時間の確率解析についての知識を前提として述べるところもあるので，適宜読み飛ばしてもかまわない．

5.1 ブラック–ショールズモデル

オプションの評価モデルとしてもっとも有名であり，また実務でももっとも普及しているのがブラック–ショールズモデルであるといっても過言ではないであろう．ここではこのモデルを使ったオプション価格について述べる．

5.1.1 モデルの設定とデリバティブ価格

この節で用いる確率解析の基礎的な内容は，付録 C 章に載せてあるので，適宜参照されたい．まず，ブラック–ショールズモデルの設定を行う．$(\Omega, \mathcal{F}, P)$ を確率空間とする．十分大きな $T_\infty < \infty$ を1つ固定する．$\{W(t)\}_{t\in[0,T_\infty]}$ はブラウン運動[1]で，$\{\mathcal{F}(t)\}_{t\in[0,T_\infty]}$ を W から生成されるブラウニアンフィルトレーション[2]とする．単過程全体を $\mathcal{S}$ で，発展的可測な関数全体を $\mathcal{P}$ で，発展的可測な連続過程全体を $\mathcal{C}$ で，それぞれ表すことにする[3]．

さて，市場で取引可能な証券は 2 種類であり，どちらも配当はないとし，時刻 t での各証券の価格 $S_0(t), S_1(t)$ は，次で与えられているとする．

---

1) ブラウン運動については，付録 C の定義 C.1.7 を参照されたい．
2) ブラウニアンフィルトレーションについては，付録 C を参照されたい．
3) 単過程，発展的可測については付録 C を参照されたい．

$$S_0(t) = \exp(rt), \tag{5.1}$$

$$S_1(t) = s_1 \exp\left\{\sigma W(t) + \left(\mu - \frac{\sigma^2}{2}\right)t\right\}. \tag{5.2}$$

ただし，$r \geqq 0$，$\mu \in \mathbf{R}$ は定数で，それぞれ証券 0 の利回りと証券 1 の期待収益率である．また，$\sigma > 0$ は証券 1 の不確実な変動の大きさを表すモデルパラメータで，**ボラティリティ** (volatility) とよばれる．このとき，どちらの証券もつねに価格は正で，$S_0(t)$ は確定的，$S_1(t)$ は伊藤過程[4])である．

伊藤の補題[5])により，各証券価格は，

$$\begin{aligned} dS_0(t) &= rS_0(t)dt, & S_0(0) &= 1, \\ dS_1(t) &= \mu S_1(t)dt + \sigma S_1(t)dW(t), & S_1(0) &= s_1 \end{aligned} \tag{5.3}$$

を満たすことがわかる．

さて，証券 0 は，配当がなく価格も正値なので，これを 1 単位保有し続ける戦略を第 2 章の離散時間モデルで述べたニュメレールのように考えてみよう．$\gamma(t) = S_0(t)^{-1} = e^{-rt}$ とおくと，第 2 章で述べたデフレーターの概念に対応する．割引価格過程を，

$$G_1^\gamma = \gamma(t)S_1(t)$$

とおくと，$G_1^\gamma = S_1(t)S_0(t)^{-1}$ なので，(5.1)，(5.2) 式から，

$$G_1^\gamma(t) = s_1 \exp\left\{\sigma W(t) + \left(\mu - r - \frac{\sigma^2}{2}\right)t\right\} \tag{5.4}$$

となる．

後のためにここで，G_1^γ がマルチンゲール[6])となる確率測度 Q を用意しておこう．

$$Z = \exp\left\{-\frac{\mu - r}{\sigma}W(T_\infty) - \frac{1}{2}\left(\frac{\mu - r}{\sigma}\right)^2 T_\infty\right\}$$

とおくと，

$$Z > 0, \quad E[Z] = 1$$

---

4) 伊藤過程については，付録 C の定義 C.1.13 を参照されたい．
5) 伊藤の補題については，付録 C の定理 C.1.14 を参照されたい．
6) マルチンゲールについては，付録 C の定義 C.1.1 を参照されたい．

である．そこで，$(\Omega, \mathcal{F})$ 上の確率測度 Q を

$$\frac{dQ}{dP} = Z$$

で定義する．このとき，

$$W^Q(t) := W(t) + \frac{\mu - r}{\sigma}t$$

とおくと，(Cameron-Martin-丸山-) Girsanov の定理[7]により，$W^Q(t)$ は Q-ブラウン運動である．このとき，(5.4) 式は，

$$G_1^\gamma(t) = s_1 \exp\left\{\sigma W^Q(t) - \frac{\sigma^2}{2}t\right\} \tag{5.5}$$

となるので，

$$dG_1^\gamma(t) = \sigma G_1^\gamma(t) dW^Q(t), \quad G_1^\gamma(0) = s_1 \tag{5.6}$$

を満たし，G_1^γ は Q-マルチンゲールであることがわかる．そして，

$$S_1(t) = s_1 \exp\left\{\sigma W^Q(t) + \left(r - \frac{\sigma^2}{2}\right)t\right\} \tag{5.7}$$

となる．

次に，ポートフォリオ戦略について考えよう．モデルでは，いつでも自由に証券売買が可能であるが，まずはいったん，定期的に資産内容を変更するポートフォリオ戦略を考える．すなわち，正の整数 N を任意に1つ決め，時間 $[0, T]$ を N 等分して $t_n = \frac{n}{N}T$, $n = 0, 1, \ldots, N$ とおく．時刻 0 における取引直前には証券は何も保有していないが金額 x の初期資金を保有しているとして，時刻 $t_n, n = 0, 1, 2, \ldots, N$ においてのみ証券の売買取引を行うとする．いま，ξ_n^N を $\mathcal{F}_{t_n}$-可測な確率変数とし，時刻 t_n では，取引後の証券1の保有数が ξ_n^N 単位になるように変更する．そして，そのための資金の過不足分はすべて証券0で運用調達することとし，途中での外部からの資金の出し入れはないという戦略を考える．すなわち，この戦略での時刻 t におけるポートフォリオ価値を $X^N(t)$ とおくとき，各 $t = t_0, t_1, \ldots, t_N$ における証券保有

---

7) (Cameron-Martin-丸山-) Girsanov の定理については，付録 C の定理 C.1.18 を参照されたい．

数を次の通りとする．まず時刻 $t_0 = 0$ では，$X^N(0) = x$ であり，ξ_0^N 単位の証券 1 と

$$\eta_0^N = \frac{X^N(0) - \xi_0^N S_1(0)}{S_0(0)} = x - \xi_0^N s_1$$

枚の証券 0 に投資する．すなわち，時刻 $t_0 = 0$ の取引で

$$X^N(0) = x = \eta_0^N S_0(0) + \xi_0^N S_1(0) = \eta_0^N + \xi_0^N s_1$$

として戦略が始まる．そして時刻 t_1 になると，それまでの間，証券 0 も証券 1 も配当がなく，新たな資金追加もないので，$t_0 \leqq t \leqq t_1$ におけるポートフォリオ価値は，

$$X^N(t) = \eta_0^N S_0(t) + \xi_0^N S_1(t)$$

となる．同様に，t_n の取引直前の各証券保有数は，時刻 t_{n-1} での取引直後の保有数と同じ，すなわち，証券 1 の保有枚数が ξ_{n-1}^N，証券 0 の保有枚数が η_{n-1}^N であるとして，時刻 t_n でのポートフォリオ価値は，

$$X^N(t_n) = \eta_{n-1}^N S_0(t_n) + \xi_{n-1}^N S_1(t_n)$$

となる．そして，時刻 t_n での取引では，証券 1 を ξ_n^N 単位にし，証券 0 の保有数は取引前後でポートフォリオ価値が不変となるように，

$$\eta_n^N = \frac{X^N(t_n) - \xi_n^N S_1(t_n)}{S_0(t_n)}$$

と決定される．そして，$t_n \leqq t \leqq t_{n+1}$ におけるポートフォリオ価値は，

$$X^N(t) = \eta_n^N S_0(t) + \xi_n^N S_1(t)$$

となる．

この取引戦略は，取引を行う離散的な時刻 $t_0, t_1, \ldots, T_N$ 上でみると，第 2 章で述べた自己充足的ポートフォリオに相当している．また，取引と取引の間の時刻においてもポートフォリオ価値の変化は証券価格の変化がもたらすもののみであり，外部からポートフォリオへの追加的資金の出入りはない．これは，第 2 章で述べた自己充足的ポートフォリオの考え方を連続時間に埋め込んだものである．

いま，

$$\theta_0^N(t) = \sum_{n=0}^{N-1} \eta_n^N \mathbf{1}_{(t_n, t_{n+1}]}(t), \qquad t \in [0, T],$$

$$\theta_1^N(t) = \sum_{n=0}^{N-1} \xi_n^N \mathbf{1}_{(t_n, t_{n+1}]}(t), \qquad t \in [0, T]$$

とおくと $X^N(t)$ は, $X^N(t) = \theta_0^N(t) S_0(t) + \theta_1^N(t) S_1(t)$ であり, 取引と取引の間の時刻も含め, 時刻 t でのポートフォリオ価値は,

$$X^N(t) = x + \int_0^t \theta_0^N(s) dS_0(s) + \int_0^t \theta_1^N(s) dS_1(s) \tag{5.8}$$

となる.

$d\gamma(t) = -r\gamma(t)dt$ なので,

$$dG_1^\gamma(t) = \gamma(t)(dS_1(t) - rS_1(t)dt) \tag{5.9}$$

であり, 伊藤の補題と (5.9) 式により,

$$\begin{aligned}
\gamma(t) X^N(t) &= \gamma(0) X^N(0) + \int_0^t X^N(s) d\gamma(s) + \int_0^t \gamma(s) dX^N(s) \\
&= x - \int_0^t r(\theta_0^N(s) S_0(s) + \theta_1^N(s) S_1(s)) \gamma(s) ds \\
&\quad + \int_0^t \gamma(s)(r\theta_0^N(s) S_0(s) ds + \theta_1^N(s) dS_1(s)) \\
&= x + \int_0^t \theta_1^N(s) \gamma(s)(dS_1(s) - rS_1(s) ds) \\
&= x + \int_0^t \theta_1^N(s) dG_1^\gamma(s)
\end{aligned}$$

となる. さらに, (5.6) 式より,

$$\gamma(t) X^N(t) = x + \sigma \int_0^t \theta_1^N(s) G_1^\gamma(s) dW^Q(s)$$

であることから, 各 N ごとに与えられた $\theta_1^N \in \mathcal{S}$ に対し, もし, ある確率過程 $\theta_1 \in \mathcal{P}$ が

$$E^Q \left[\int_0^T \theta_1(t)^2 G_1^\gamma(t)^2 dt \right] < \infty, \quad T > 0$$

であり,

$$\lim_{N \to \infty} E^Q \left[\int_0^T (\theta_1^N(t) - \theta_1(t))^2 G_1^\gamma(t)^2 dt \right] = 0, \quad T > 0$$

であるとき，$Y(t) = x + \int_0^t \theta_1(s)dG_1^\gamma(s)$ が定義できて，

$$\lim_{N\to\infty} E^Q\left[\sup_{t\in[0,T]}\left|Y(t) - \left(x + \int_0^t \theta_1^N(s)dG_1^\gamma(s)\right)\right|^2\right] = 0, \quad T > 0$$

である[8]．

$X(t) = \gamma(t)^{-1}Y(t)$ とおくと，再び伊藤の補題により，

$$X(t) = \gamma(0)^{-1}Y(0) + \int_0^t rX(s)ds + \int_0^t \gamma(s)^{-1}dY(s)$$
$$= x + \int_0^t X(s)S_0(s)^{-1}dS_0(s) + \int_0^t \gamma(s)^{-1}\theta_1(s)dG_1^\gamma(s)$$
$$= x + \int_0^t X(s)S_0(s)^{-1}dS_0(s) + \int_0^t \theta_1(s)(dS_1(s) - rS_1(s)ds)$$
$$= x + \int_0^t \theta_0(s)dS_0(s) + \int_0^t \theta_1(s)dS_1(s)$$

となる．ただし，

$$\theta_0(t) = \frac{X(t) - \theta_1(t)S_1(t)}{S_0(t)}$$

とおいた．このとき $X(t) = \theta_0(t)S_0(t) + \theta_1(t)S_1(t)$ なので，X は時刻 t での証券の保有量がそれぞれ $\theta_0(t), \theta_1(t)$ であるポートフォリオ価値である．これらのことから，ポートフォリオ戦略を拡張し，時刻 t における証券の保有量をそれぞれ $\theta_0(t), \theta_1(t)$ とする売買取引を実行可能なポートフォリオ戦略に加える[9]．

ここでは，第 2 章の離散時間モデルにおける自己充足的ポートフォリオ戦略を連続時間に埋め込んだ $\theta_0^N(t), \theta_1^N(t)$ の極限が $\theta_0(t), \theta_1(t)$ となっている．すなわち，時刻 0 と満期 T 以外の時刻にはポートフォリオの実質配当はない戦略の極限であり，$\theta_0(t), \theta_1(t)$ も時刻 0 と満期 T 以外の時刻にはポートフォリオの実質配当はないと考えられる．このことは，数式上では

$$X(t) = X(0) + \int_0^t \theta_0(s)dS_0(s) + \int_0^t \theta_1(s)dS_1(s)$$

により表されている．$X(t) = \theta_0(t)S_0(t) + \theta_1(t)S_1(t)$ で，θ_0, θ_1 も伊藤過程で

---

[8] 付録 C の命題 C.1.9 (2) を参照されたい．
[9] 現実の市場では連続時間的な売買戦略を実行することはできない．しかしここでは，そのような連続的な売買戦略も実行可能な戦略に含めることのできる，いわば理想世界で考えていると解釈する．

あるとき，伊藤の補題により，

$$X(t) = X(0) + \int_0^t \theta_0(s)dS_0(s) + \int_0^t \theta_1(s)dS_1(s)$$
$$+ \int_0^t S_0(s)d\theta_0(s) + \int_0^t S_1(s)d\theta_1(s)$$
$$+ \langle \theta_0, S_0 \rangle(t) + \langle \theta_1, S_1 \rangle(t)$$

であり，右辺の 2 行目以降の合計は 0 となるが，これはポートフォリオの実質配当の累積に相当している．

さてここで，$T(\leqq T_\infty)$ を満期，V を $\mathcal{F}(T)$-可測な確率変数で，2 乗可積分，すなわち $E^Q[V^2] < \infty$ を満たすとして，時刻 T に V を受けとるデリバティブを考えよう．たとえば $V = (S_1(T) - K)^+$ の場合，これは証券 1 を原証券，行使価格を K とするコールオプションである．

第 3 章で述べた通り，完備な離散時間モデルの設定では，満期 T でのポートフォリオ価値が V と確率 1 で一致する自己充足的なポートフォリオ戦略が必ず存在することが論拠となり，デリバティブ価格が一意に決定された．それとの対比でいえば，このモデルの設定において，任意の 2 乗可積分で $\mathcal{F}(T)$-可測確率変数 V に対してこのようなポートフォリオ戦略が存在するかどうかが気になるところであるが，それについては後で述べることとし，ここではいったん，存在するとして議論を続けよう．すなわち，ある実数 x と $\theta_0, \theta_1 \in \mathcal{P}$ で，任意の t に対し $E^Q\left[\int_0^t \theta_1(s)^2 G_1^\gamma(s)ds\right] < \infty$ であって，初期値を x とするポートフォリオ戦略 (θ_0, θ_1) は自己充足的であり，さらに確率 1 で $V = x + \int_0^T \theta_0(s)dS_0(s) + \int_0^T \theta_1(s)dS_1(s)$ を満たすものが存在するとしよう．このとき，デリバティブの価格は x であるべきであるというのが，無裁定の考え方であった．すなわち，x より安く購入できるなら，デリバティブを購入してポートフォリオ戦略 $-\theta_0(t), -\theta_1(t)$ を実行することが裁定機会となる．逆に x より高く売却できるなら，デリバティブを売ってポートフォリオ戦略 (θ_0, θ_1) を実行することが裁定機会となる．したがって，あとは，x の値を求めればよい．

これまでの設定により，

$$\gamma(T)V = x + \int_0^T \theta_1(s)dG_1^\gamma(s)$$
$$= x + \sigma \int_0^T \theta_1(s)G_1^\gamma(s)dW^Q(s)$$

である．いま，任意の t に対し $E^Q\left[\int_0^t \theta_1(s)^2 G_1^\gamma(s)^2 ds\right] < \infty$ であることから，定理 C.1.12(2) より，確率測度 Q のもとでは，確率過程 $\left\{\int_0^t \theta_1(s) dG_1^\gamma(s)\right\}$ も Q-マルチンゲールで，$E^Q\left[\int_0^t \theta_1(s) dG_1^\gamma(s)\right] = 0$ となることから，

$$x = E^Q[\gamma(T)V]$$

を得る．

ここで，$Z(t) = E[Z|\mathcal{F}(t)]$ とおくと，

$$Z(t) = \exp\left\{-\frac{\mu-r}{\sigma}W(t) - \frac{1}{2}\left(\frac{\mu-r}{\sigma}\right)^2 t\right\}$$

であり，$\mathcal{F}(t)$-可測な確率変数 X に対して，

$$E^Q[X|\mathcal{F}(s)] = Z(s)^{-1} E[Z(t)X|\mathcal{F}(s)]$$

である．とくに満期が T，行使価格 K のヨーロピアンコールオプションの場合は，時刻 T における支払いは $(S_1(T) - K)^+$ であるので，上記議論において $V = (S_1(T) - K)^+$ とおけばよい．したがって，このオプションの時刻 0 での価格 $V(0)$ は，

$$V(0) = E^Q[S_0(T)^{-1}(S_1(T) - K)^+]S_0(0) = \exp(-rT) E^Q[(S_1(T) - K)^+]$$

で与えられる．(5.7) 式を代入して期待値を計算することにより，

$$\begin{aligned}V(0) &= e^{-rT} \int_{-\infty}^{\infty} (s_1 e^{\sigma z + (r - \frac{\sigma^2}{2})T} - K)^+ \sqrt{\frac{1}{2\pi T}} e^{-\frac{z^2}{2T}} dz \\ &= s_1 N(d_+(s_1, T, \sigma)) - K e^{-rT} N(d_-(s_1, T, \sigma))\end{aligned}$$

を得る．ただし，

$$N(x) = \int_{-\infty}^x n(y) dy,$$
$$n(x) = \frac{1}{\sqrt{2\pi}} e^{-\frac{x^2}{2}},$$
$$d_+(x, t, \sigma) = \frac{\log(x/K) + (r + \sigma^2/2)t}{\sigma\sqrt{t}},$$

$$d_-(x,t,\sigma) = d_+(x,t,\sigma) - \sigma\sqrt{t}$$

とおいた．これがいわゆるブラック–ショールズのコールオプションの価格式である．

同様に，時刻 t での価格 $V(t)$ は，

$$\begin{aligned}
V(t) &= S_0(t)E^Q[S_0(T)^{-1}Y|\mathcal{F}(t)] \\
&= S_1(t)N(d_+(S_1(t),T-t,\sigma)) \\
&\quad - Ke^{-r(T-t)}N(d_-(S_1(t),T-t,\sigma)) \\
&= S_1(t)N(d_+(S_1(t),T-t,\sigma)) \\
&\quad - S_0(t)Ke^{-rT}N(d_-(S_1(t),T-t,\sigma))
\end{aligned} \tag{5.10}$$

である．

ここで，

$$\theta_0(t) = -Ke^{-rT}N(d_-(S_1(t),T-t,\sigma)),$$
$$\theta_1(t) = N(d_+(S_1(t),T-t,\sigma))$$

とおく．以下，$d_+(t) = d_+(S_1(t),T-t,\sigma), d_-(t) = d_-(S_1(t),T-t,\sigma)$ と略記する．このとき，任意の $T>0$ に対し $E^Q\left[\int_0^T \theta_1(s)^2 G_1^\gamma(s)^2 ds\right] < \infty$ である．さらに，θ_0, θ_1 は伊藤過程であり，$Ke^{-r(T-t)}n(d_-(t)) = S_1(t)n(d_+(t))$ であること，$\langle d_+, d_+\rangle(t) = \dfrac{1}{T-t}t$ に注意すると，伊藤の補題により，

$$\begin{aligned}
&\int_0^t S_0(s)d\theta_0(s) \\
&= -\int_0^t Ke^{-r(T-s)}n(d_-(s))dd_-(s) \\
&\quad + \frac{1}{2}\int_0^t Ke^{-r(T-s)}d_-(s)n(d_-(s))d\langle d_-,d_-\rangle(s) \\
&= -\int_0^t S_1(s)n(d_+(s))\left(dd_+(s) + \frac{1}{2}\sigma\frac{1}{\sqrt{T-s}}ds\right) \\
&\quad + \frac{1}{2}\int_0^t S_1(s)(d_+(s) - \sigma\sqrt{T-s})n(d_+(s))d\langle d_+,d_+\rangle(s) \\
&= -\int_0^t S_1(s)d\theta_1(s) - \int_0^t S_1(s)n(d_+(s))\frac{1}{2}\sigma\frac{1}{\sqrt{T-s}}ds
\end{aligned}$$

$$-\frac{1}{2}\int_0^t S_1(s)\sigma\sqrt{T-s}n(d_+(s))d\langle d_+, d_+\rangle(s)$$
$$= -\int_0^t S_1(s)d\theta_1(s) - \int_0^t S_1(s)n(d_+(s))\frac{\sigma}{\sqrt{T-s}}ds$$
$$= -\int_0^t S_1(s)d\theta_1(s) - \int_0^t d\langle S_1, \theta_1\rangle(s)$$

であることから,$\int_0^t S_0(s)d\theta_0(s) + \int_0^t S_1(s)d\theta_1(s) + \langle\theta_0, S_0\rangle(t) + \langle\theta_1, S_1\rangle(t) = 0$ となり,初期値 $\theta_0(0)S_0 + \theta_1(0)S_1(0) = V(0)$ とするポートフォリオ戦略 (θ_0, θ_1) は,自己充足的であり,

$$V = V(0) + \int_0^T \theta_0(t)dS_0(t) + \int_0^T \theta_1(t)dS_1(0)$$

である.これらのことから,この θ_0, θ_1 が,最初に存在を仮定していた戦略に他ならないことがわかる.

最後に,コールオプションに限らず,任意の2乗可積分で $\mathcal{F}(T)$-可測な確率変数 V に対してもこのような戦略が存在することに言及しよう.便宜上の確率過程 $M(t)$ を

$$M(t) = E^Q[\gamma(T)V|\mathcal{F}(t)] = E^Q[S_0(T)^{-1}Y|\mathcal{F}(t)] \tag{5.11}$$

で定義する.このとき,定義から M は Q-マルチンゲール過程であり,**伊藤の表現定理**を一般化した定理 C.1.19 により,ある確率過程 $\hat{\theta} \in \mathcal{P}$ が存在して,

$$M(t) = M(0) + \int_0^t \hat{\theta}(s)dW^Q(s) \tag{5.12}$$

と書け,

$$E^Q\left[\int_0^t \hat{\theta}(s)^2 ds\right] < \infty, \quad t > 0$$

である.(5.5) 式より $G_1^\gamma(t) \neq 0$ なので,

$$\theta_1(t) = \frac{\hat{\theta}(t)}{\sigma G_1^\gamma(t)}$$

が定義でき,(5.6),(5.12) 式から,

$$\gamma(T)V = M(T) = M(0) + \int_0^T \theta_1(s)dG_1^\gamma(s) \tag{5.13}$$

となる.このとき,前述のように $X(t) = \gamma(t)^{-1}\left\{M(0) + \int_0^t \theta_1(s)dG_1^\gamma(s)\right\}$ とおいて,$\theta_0(t) = S_0(t)^{-1}\{X(t) - \theta_1(t)S_1(t)\}$ とおくと,初期値を $M(0)$ とするポートフォリオ戦略 (θ_0, θ_1) は,t での価値が $X(t) = \theta_0(t)S_0(t) + \theta_1(t)S_1(t)$ である自己充足的なポートフォリオ戦略で,確率 1 で $V = X(T)$ となる.

5.1.2 デルタヘッジ

ここで,マートン (Robert C. Merton) による説明を与えておこう.満期 T におけるデリバティブのペイオフ Y が,ある連続関数 $f : \mathbf{R} \to \mathbf{R}$ により $Y = f(S(T))$ で定義されているとする.さらにこの関数 f は,ある $m \geqq 1$,$C > 0$ が存在して

$$|f(x)| \leqq C(1+|x|)^m, \qquad x \in \mathbf{R}$$

を満たすとする.このとき,偏微分方程式

$$\frac{\partial}{\partial t}u(t,x) + Lu(t,x) = 0, \quad (t,x) \in (0,T) \times \mathbf{R},$$

$$u(T,x) = f(x), \qquad x \in \mathbf{R}$$

を満たすよい連続関数 $u : [0,T] \times \mathbf{R} \to \mathbf{R}$ が存在する.ただし,

$$Lu = \frac{\sigma^2}{2}x^2\frac{\partial^2 u}{\partial x^2} + rx\frac{\partial u}{\partial x} - ru$$

とおいた.$u(t, S_1(t)) = u(t, S_0(t)G_1^\gamma(t))$ なのでこれを t と $G_1^\gamma(t)$ の関数とみて伊藤の補題を用いることにより,

$$d(S_0(t)^{-1}u(t,S_1(t))) = S_0(t)^{-1}(Lu(t,S_1(t)) + \frac{\partial u}{\partial t}(t,S_1(t)))dt$$
$$+ \frac{\partial u}{\partial x}(t,S_1(t))dG_1^\gamma(t)$$
$$= \frac{\partial u}{\partial x}(t,S_1(t))dG_1^\gamma(t)$$

を得る.$S_0(0) = 1$ なので,

$$S_0(T)^{-1}f(S_1(T)) = u(0,S_1(0)) + \int_0^T \frac{\partial u}{\partial x}(t,S_1(t))dG_1^\gamma(t).$$

これにより，初期値を $u(0, S_1(0))$ とし，時刻 t での証券 1 の保有量を $\theta_1(t) = \dfrac{\partial u}{\partial x}(t, S_1(t))$ とする自己充足的な戦略をとれば，満期 T におけるポートフォリオ価値は $Y = f(S_1(T))$ となる．したがって，このデリバティブの時刻 0 での価格は $u(0, S_1(0))$ となる．

時刻 t $(t < T)$ におけるデリバティブの価格は $u(t, S_1(t))$ となる．証券 0 の価格の変動は（ブラウン運動の項を含まないので）緩やかであるが，これに比べ証券 1 の価格変動は激しい．証券 1 の価格が短期間に ΔS_1 変動すると，オプションの価格がおよそ $\dfrac{\partial u}{\partial x}(t, S_1(t)) \Delta S_1$ 変わるが，証券 1 を $\dfrac{\partial u}{\partial x}(t, S_1(t))$ 単位だけ（売り買い逆向きに）保有していれば，その変動を吸収できる．このような考え方は古くからファイナンスでは知られており，デルタヘッジとよばれる．ブラック‐ショールズはデルタヘッジの合理性を示したことにもなる．

ただし，2 階微分可能な任意の関数 $u(t, x)$ に対し，確率過程 $u(t, S(t))$ を自己充足的ポートフォリオで複製できるわけではないことに注意しよう．$u(t, S(t))$ を確率 1 で正確に複製できるかどうかは，$u(t, S(t)) S_0(t)^{-1}$ の Q-マルチンゲール性が本質的であったことを思い出してほしい．

5.1.3　ブラック‐ショールズモデルの実務への応用

市場では証券 0 と証券 1 が自由に取引されているとして，いま，証券 1 の価格にブラック‐ショールズモデルを応用することで，証券 1 に関するデリバティブの価格を評価したいとしよう．前項での説明では，2 つの証券の価格がしたがう確率変動モデルがどのようなものであるか，パラメータの値も含めて，モデルを知っているということが暗に仮定されている．しかし現実には，将来の証券価格変動がモデルの想定通りにはならないであろうし，もし幸運にそうであったとしても，モデルパラメータであるボラティリティ σ の値を事前に正確に知ることは難しい．

証券 1 の過去の価格変動データから，何らかの統計的手法を用いて推定するという考え方があるだろう．このようにして決めた σ の値は，**ヒストリカルボラティリティ** (historical volatility) とよばれている．

しかし，過去の価格変動データから得られるモデルが将来の価格変動モデルとして適切である保証はないので，これが絶対的な方法とはいえない．つまり，仮にオプション市場が存在するとして，オプション市場での価格がヒ

ストリカルボラティリティによる理論値と異なっていても，それ以降の証券1の価格がモデル通りの確率的挙動をとるという保証がないので，複製ポートフォリオを組むことで裁定機会の利がとれるという保証がない．このことは，第4章で述べたようなモデルの非完備性から複製できないということではなく，モデルそのものを知らないことからくるものである．

逆に，証券価格の将来変動の確率的挙動を知ることは事実上不可能であることを認め，モデルから導かれる理論価値よりも，実際に市場で取引される市場価格がその商品の価値を表しているという考え方が時価主義である．つまり時価主義では，正常な市場が存在するデリバティブに対しては，市場時価こそが客観性のある公正な値であるとし，昨今ではこれが金融資産の会計処理の基本的な考え方になっている．また実際，市場価格と異なる価格を提示すれば，その差額を儲ける裁定取引を他者に許すことになってしまう．このように述べると，すべての金融資産を市場で売買することが常時可能であれば，評価のためにはモデルなど必要ないように思われるであろう．しかし実際は，売買時点では流動性が高かったのに，その後ほとんど流動性がなくなってしまう商品は珍しくない．たとえば単純なオプションでも，アットザマネー，すなわち原証券価格と行使価格が同水準のオプションしかほとんど取引されないことも多く，原証券の価格が変化したとたん，流動性が下がってしまうことは珍しくない．また，日々大量の取引が行われている金利スワップは，取引時点を基点に数カ月ごとのキャッシュフローの受払い日が設定され，期間は整数年という形式がほとんどであるため，まったく同じ受払いスケジュールをもつ金利スワップを取引する機会は，一年に一度しか訪れない．このようなことから結果として，金融機関は流動性が低くなってしまった金融商品を資産として多く保有している．これらの資産を評価するには，やはりモデルが必要となる．

そこで実務では，モデルによる理論価値が流動性の高いデリバティブの市場価格と一致するように，モデルパラメータの値を調節するという考え方が多用されている．このパラメータ調整は，**モデルキャリブレーション** (model calibration) とよばれ，このようにして決まるパラメータ値は市場パラメータなどとよばれたりしている．とくに，ブラック－ショールズモデルのパラメータであるボラティリティについては，**市場ボラティリティ**あるいは，**インプライドボラティリティ** (implied volatility) とよばれている．そして，この市場

ボラティリティを用いて流動性の低いデリバティブや新規に開発したデリバティブの価格を算出するという考え方が，一般的となっている．さらに昨今，同一原証券に関して，流動性が相応に高いデリバティブが複数種類存在するという状況になってきているが，一般にはそれらから算出されるインプライドボラティリティが互いに一致するとは限らない．そこでブラック–ショールズモデル以外のモデルを視野にいれて，共通のモデルパラメータのもとでこれらすべてのデリバティブの市場価格を同時に説明できるようなモデルが重宝される傾向にある．

しかし，オプション価格が市場の需給で決まり，それに基づいてインプライドボラティリティが算出される以上，時々刻々と，インプライドボラティリティが変化するであろうことは想像に難くない．またそれらの値は，その後の原証券の変動性を言い当てているとは限らない．そのため，このような基準で選んだモデルとそのパラメータのもとで，これまで議論してきたようなデリバティブの複製ポートフォリオ戦略は成立するのだろうかという疑問が生じる．もし成立しないのであれば，モデルによる理論価値というものが無裁定価格としての理論的裏付けを失うことになるからである．

この問題を考察するために，資産評価に採用するモデルを 1 つ決めたとして，オプション市場価格から逆算された時々刻々のインプライドパラメータを使って別のデリバティブを評価することを想定してみよう．そのうえで，採用したモデルと原証券価格の実際の変動を表すモデルとが一致するとは限らないという想定で，デリバティブの複製について考えてみる．以下では，原証券価格の実際の推移を正しく表す確率過程モデルが仮に存在するものとして，これを真のモデルとよぶことにしよう．

ブラック–ショールズモデルの簡単な拡張

ブラック–ショールズモデルを少しだけ拡張して考えてみよう．ここまでは，ブラック–ショールズモデルのパラメータであるボラティリティは定数としてきたが，ここではこれを確定的な時間の関数に拡張しよう．すなわち，価格 $S_1(t)$ の真のモデルは次の確率微分方程式を満たすとする．

$$dS_1(t) = \sigma(t)S_1(t)dW(t) + \mu S_1(t)dt, \qquad S_1(0) = s_1. \qquad (5.14)$$

ただし，$\sigma(t)$ は t に関する確定的な関数とする．これは (5.3) 式を上記の通

り拡張したものになっている．このとき，伊藤の補題により

$$S_1(t) = s_1 \exp\left\{\int_0^t \sigma(s)dW(s) + \int_0^t \left(\mu - \frac{\sigma(s)^2}{2}\right)ds\right\}$$

であり，右辺の exp 関数の中は，平均が $\int_0^t \left(\mu - \frac{\sigma(s)^2}{2}\right)ds$ で分散が $\int_0^t \sigma(s)^2 ds$ の正規確率変数であることがわかる．すでに述べたブラック－ショールズモデルと同様の計算により，満期が T で行使価格が K のヨーロピアンコールオプションの時刻 $t < T$ での価格は，

$$S_1(t)N(d_+(S_1(t), T-t, \hat{\sigma}(t,T))) - Ke^{-rT}N(d_-(S_1(t), T-t, \hat{\sigma}(t,T)))$$

ただし，

$$d_\pm(x,t,\sigma) = \frac{\log(x/K) + (r \pm \sigma^2/2)t}{\sigma\sqrt{t}},$$

$$\hat{\sigma}(t,T) = \left(\frac{1}{T-t}\int_t^T \sigma(s)^2 ds\right)^{\frac{1}{2}}$$

となることがわかる．これは，(5.10) 式の σ に $\hat{\sigma}(t,T)$ を代入したものに一致している．さらに，複製ポートフォリオにおける証券 1 の保有枚数も，ブラック－ショールズモデルのデルタの式中の σ に $\hat{\sigma}(t,T)$ を代入したものに一致することも，同様に確認できる．

　さていま，ある投資家は真のモデルである (5.14) 式を知らないまま，ブラック－ショールズモデルを評価モデルとして採用したとしよう．一方市場では，真のモデルから導かれる理論価格通りに価格が付いているとしよう．このとき，ブラック－ショールズモデル (5.1) を前提とする時刻 t での市場ボラティリティは $\hat{\sigma}(t,T)$ ということになる．したがって，この投資家は日々の市場ボラティリティが一定してないことを感じつつも，そして真のモデルを知らないにもかかわらず，日々の市場ボラティリティでオプション価格を評価し，デルタヘッジを実行することで，オプションの複製に成功することとなる．

　このことは一見，真のモデルが何であっても，市場から学んだボラティリティを使えば複製も含め万事うまくいくのではないかと思わせる．しかし，ここでは市場価格が真のモデルからの理論価格と一致しているという前提が効いていることを忘れてはならない．

現実の市場がこの前提を満たしているためには，たとえば，現実のオプション市場で連続的に観測される市場ボラティリティの時刻 t での値を $\xi(t)$ とするとき，$\xi(t)^2(T-t)$ が t の関数として単調減少であることが必要条件の1つである．もちろんさらに，原証券価格の確率的挙動も，想定したモデルで説明が付くものでなければならないのである．

$\sigma(t)$ を確定的ではなく，確率的に変化するとするモデルは**確率ボラティリティモデル**などとよばれているが，仮にこれが原証券の挙動を表す真のモデルで，すべてのデリバティブもその理論価格通りに市場価格が付いているとしよう．この場合，ブラック–ショールズモデル (5.1) を前提とする市場ボラティリティ $\xi(t)$ は，不確実な挙動を示し，$\xi(t)^2(T-t)$ が t の減少関数となるという条件を必ずしも満たさない．このことは，「ボラティリティ関数は確定的だがその具体的な関数を知らない」ということと，「確率的なボラティリティなので将来の値は未知である」ということとは別のことであることを物語っている．

ヘッジ目的での高流動性デリバティブの利用

次に，採用されたモデルから導かれる価格評価式による評価値の時々刻々の変化はどのようになるかを考えよう．問題を簡単にするために，次を仮定する．

1. 証券は2種類とし，どちらも配当はないとする．それぞれの価格を以下の記号で表す．

    証券 0 の価格：$S_0(t) = \exp(rt)$，ただし $r \geqq 0$ は定数，

    証券 1 の価格：$S_1(t)$．

2. 評価に採用する $S_1(t)$ のモデル

    $S_0(t)$ をニュメレールと考え，デフレーターを $\gamma(t) = S_0(t)^{-1}$ とする．$G_1^\gamma(t) = (S_0(t))^{-1} S_1(t) = e^{-rt} S_1(t)$ と定義し，$G_1^\gamma(t)$ がマルチンゲールとなるような，P と同値な確率測度を Q とする．測度 Q のもとで，$G_1^\gamma(t)$ は次式にしたがうとする．

$$dG_1^\gamma(t) = \Sigma(t, G_1^\gamma(t), \sigma) dW(t). \tag{5.15}$$

ただし，$\Sigma(\cdot,\cdot,\cdot)$ は確定的な3変数関数，σ はパラメータ（定数）とする．この (5.15) 式のモデルは，**ローカルボラティリティモデル** (local volatility model) とよばれている[10].

ここで,満期 T でのペイオフが $G_1^\gamma(T)$ の関数として $\varphi(G_1^\gamma(T))$ で与えられるヨーロピアンデリバティブを考える.デリバティブの時刻 t での理論価格をデフレーターで割り引いた値,$E^Q[e^{-rT}\varphi(G_1^\gamma(T))|\mathcal{F}_t]$ は,G_1^γ がマルコフ過程であることから,$G_1^\gamma(t)$ と t の関数で得られる.なお,後の都合で,関数の引数にモデルパラメータである σ も記述しておく.すなわち,ある関数 $f(t, x, \sigma)$ により,

$$E^Q[e^{-rT}\varphi(G_1^\gamma(T))|\mathcal{F}_t] = f(t, G_1^\gamma(t), \sigma)$$

と書ける.これは Q-マルチンゲールである.伊藤の補題より,

$$df(t, G_1^\gamma(t), \sigma) = \frac{\partial f}{\partial t}(t, G_1^\gamma(t), \sigma)dt + \frac{\partial f}{\partial x}(t, G_1^\gamma(t), \sigma)dG_1^\gamma(t) \\ + \frac{1}{2}\frac{\partial^2 f}{\partial x^2}(t, G_1^\gamma(t), \sigma)\Sigma(t, G_1^\gamma(t), \sigma)^2 dt$$

であるので,マルチンゲール性から,

$$\frac{\partial f}{\partial t}(t, G_1^\gamma(t), \sigma) + \frac{1}{2}\frac{\partial^2 f}{\partial x^2}(t, G_1^\gamma(t), \sigma)\Sigma(t, G_1^\gamma(t), \sigma)^2 = 0 \quad (5.16)$$

となり,

$$df(t, G_1^\gamma(t), \sigma) = \frac{\partial f}{\partial x}(t, G_1^\gamma(t), \sigma)dG_1^\gamma(t) \quad (5.17)$$

が成り立つ.これと,$dG_1^\gamma(t) = -rG_1^\gamma(t)dt + e^{-rt}dS_1(t)$ より,

$$d(e^{rt}f(t, G_1^\gamma(t), \sigma)) \\ = re^{rt}f(t, G_1^\gamma(t), \sigma)dt + e^{rt}df(t, G_1^\gamma(t), \sigma) \\ = r\left\{re^{rt}f(t, G_1^\gamma(t), \sigma) - \frac{\partial f}{\partial x}(t, G_1^\gamma(t), \sigma)S_1(t))\right\}dt$$

---

[10] モデルを特徴づける関数 $\Sigma(\cdot, \cdot, \cdot)$ は,ローカルボラティリティ関数とよばれ,これを決める際に,オプションの複製の観点で決めるのではなく,さまざまな行使価格のオプションのモデルによる理論価格がそれぞれの市場価格と極力一致するようにという観点で決めるという考え方が,実務では多用されている.実際,Dupire [8] は,すべての行使価格 K に対してそのオプションの市場価格がわかっていて,それらが K に関して 2 階微分可能であると仮定したときに,それと整合するローカルボラティリティ関数を導出しており,実務にも応用されている.

$$+\frac{\partial f}{\partial x}(t, G_1^\gamma(t), \sigma)dS_1(t)$$

となる.このことから,$e^{rt}f(t, G_1^\gamma(t), \sigma)$ を初期資金として,毎時刻 t には証券 1 を $\dfrac{\partial f}{\partial x}(t, G_1^\gamma(t), \sigma)$ 枚保有し,残りを証券 0 に投資するという自己充足的なポートフォリオ戦略でデリバティブ $\varphi(G_1^\gamma(T))$ を複製できることがわかり,モデル (5.15) 式のもとでのデリバティブの無裁定価格は $e^{rt}f(t, G_1^\gamma(t), \sigma)$ であると結論される.

ここまでは,(5.15) 式のモデルによるデリバティブ価格式を求め,関数 f の性質を導くための設定であった.ここからは,市場での実際の価格の挙動,すなわち真のモデルを想定しよう.

3. $H(t)$ は,満期 T でのペイオフを $G_1^\gamma(T)$ の関数として定義された,ヨーロピアンデリバティブの市場価格とする.

　このデリバティブは市場で流動性が高く,いつでも市場価格が観測できることを仮定する.

　また,時刻 t での G_1^γ の値が x のとき,評価に採用した (5.15) 式のモデルのもとでの理論価格を $e^{rt}h(t, x, \sigma)$ とする.

4. $\xi(t)$ は,$H(t) = e^{rt}h(t, G_1^\gamma(t), \sigma)$ を満たす σ の値,すなわち,市場パラメータであるとする.

5. $G_1^\gamma(t)$ は伊藤過程で,現実の確率測度 P のもとでの挙動が

$$dG_1^\gamma(t) = \mu^S(t)dt + \sigma^S(t)dW^S(t)$$

であるとする.

6. ξ は伊藤過程で,現実の確率測度 P のもとでの挙動が

$$d\xi(t) = \mu^\xi(t)dt + \sigma^\xi(t)dW^\xi(t),$$

$$d\langle W^S, W^\xi\rangle(t) = \rho(t)dt$$

であるとする.ただし,$|\rho(t)| \leqq 1$ とする.

7. 新規に開発されたデリバティブがあり,(5.15) 式のモデルによる理論価格は,評価関数 $e^{rt}g(t, x, \sigma)$ で評価されるとする.

　$X(t) = e^{rt}g(t, G_1^\gamma(t), \xi(t))$ とおく.

　このデリバティブは市場流動性が低いので,この評価体系での評価

5.1 ブラック–ショールズモデル

損がなるべく出ないように適宜ポートフォリオを組替えながら，満期 T までもち切るとする．

まず，$\tilde{X}(t) = e^{-rt}X(t) = g(t, G_1^\gamma(t), \xi(t))$ の実際の挙動をみよう．伊藤の補題により，

$$\begin{aligned}
d\tilde{X}(t) &= \frac{\partial g}{\partial t}(t, G_1^\gamma(t), \xi(t))dt + \frac{\partial g}{\partial x}(t, G_1^\gamma(t), \xi(t))dG_1^\gamma(t) \\
&\quad + \frac{\partial g}{\partial \sigma}(t, G_1^\gamma(t), \xi(t))d\xi(t) \\
&\quad + \frac{1}{2}\frac{\partial^2 g}{\partial x^2}(t, G_1^\gamma(t), \xi(t))\sigma^S(t)^2 dt \\
&\quad + \frac{1}{2}\frac{\partial^2 g}{\partial \sigma^2}(t, G_1^\gamma(t), \xi(t))\sigma^\xi(t)^2 dt \\
&\quad + \frac{\partial^2 g}{\partial x \partial \sigma}(t, G_1^\gamma(t), \xi(t))\rho(t)\sigma^S(t)\sigma^\xi(t)dt \\
&= \frac{\partial g}{\partial x}(t, G_1^\gamma(t), \xi(t))dG_1^\gamma(t) \\
&\quad + \frac{\partial g}{\partial \sigma}(t, G_1^\gamma(t), \xi(t))d\xi(t) \\
&\quad + \frac{1}{2}\frac{\partial^2 g}{\partial x^2}(t, G_1^\gamma(t), \xi(t))\{\sigma^S(t)^2 - \Sigma(t, G_1^\gamma(t), \xi(t))^2\}dt \\
&\quad + \frac{1}{2}\frac{\partial^2 g}{\partial \sigma^2}(t, G_1^\gamma(t), \xi(t))\sigma^\xi(t)^2 dt \\
&\quad + \frac{\partial^2 g}{\partial x \partial \sigma}(t, G_1^\gamma(t), \xi(t))\rho(t)\sigma^S(t)\sigma^\xi(t)dt.
\end{aligned}$$

ここで 2 つ目の等号は (5.16) 式を使った．同様に，$\tilde{H}(t) = e^{-rt}H(t) = h(t, G_1^\gamma(t), \xi(t))$ の実際の挙動も次式となる．

$$\begin{aligned}
d\tilde{H}(t) &= \frac{\partial h}{\partial x}(t, G_1^\gamma(t), \xi(t))dG_1^\gamma(t) \\
&\quad + \frac{\partial h}{\partial \sigma}(t, G_1^\gamma(t), \xi(t))d\xi(t) \\
&\quad + \frac{1}{2}\frac{\partial^2 h}{\partial x^2}(t, G_1^\gamma(t), \xi(t))\{\sigma^S(t)^2 - \Sigma(t, G_1^\gamma(t), \xi(t))^2\}dt \\
&\quad + \frac{1}{2}\frac{\partial^2 h}{\partial \sigma^2}(t, G_1^\gamma(t), \xi(t))\sigma^\xi(t)^2 dt \\
&\quad + \frac{\partial^2 h}{\partial x \partial \sigma}(t, G_1^\gamma(t), \xi(t))\rho(t)\sigma^S(t)\sigma^\xi(t)dt.
\end{aligned}$$

ここで，$X(t)1$ 単位の保有をヘッジする目的で，$H(t)$ を $\eta(t)$ 単位，$S(t)$ を $\theta(t) = -\left(\frac{\partial g}{\partial x}(t, G_1^\gamma(t), \xi(t)) + \eta(t)\frac{\partial h}{\partial x}(t, G_1^\gamma(t), \xi(t))\right)$ 単位保有する自己充足

的ポートフォリオを考えよう．このポートフォリオの時刻 t での価値を $V(t)$ とし，$\tilde{V}(t) = e^{-rt}V(t)$ とすると，

$$d\tilde{V}(t) = \left(\frac{\partial g}{\partial \sigma}(t, G_1^\gamma(t), \xi(t)) + \eta(t)\frac{\partial h}{\partial \sigma}(t, G_1^\gamma(t), \xi(t))\right) d\xi(t)$$
$$+ \frac{1}{2}\left(\frac{\partial^2 g}{\partial x^2}(t, G_1^\gamma(t), \xi(t)) + \eta(t)\frac{\partial^2 h}{\partial x^2}(t, G_1^\gamma(t), \xi(t))\right)$$
$$\times \{\sigma^S(t)^2 - \Sigma(t, G_1^\gamma(t), \xi(t))^2\}dt$$
$$+ \frac{1}{2}\left(\frac{\partial^2 g}{\partial \sigma^2}(t, G_1^\gamma(t), \xi(t)) + \eta(t)\frac{\partial^2 h}{\partial \sigma^2}(t, G_1^\gamma(t), \xi(t))\right)\sigma^\xi(t)^2 dt$$
$$+ \left(\frac{\partial^2 g}{\partial x \partial \sigma}(t, G_1^\gamma(t), \xi(t)) + \eta(t)\frac{\partial^2 h}{\partial x \partial \sigma}(t, G_1^\gamma(t), \xi(t))\right)$$
$$\times \rho(t)\sigma^S(t)\sigma^\xi(t)dt \tag{5.18}$$

を得る．すべての t において $V(t) = 0$ であることが，実際に確率 1 でデリバティブの複製が可能であることを意味する．$V(t) = 0$ であることと，$\tilde{V}(t) = 0$ であることとは同値なので，$\tilde{V}(t) = 0$ となるための条件をみてみよう．もし仮に，$\xi(t)$ が不変であるならば，それはすなわち $\sigma\xi(t) \equiv 0$ を意味するので，

$$\frac{\partial^2 g}{\partial x^2}(t, G_1^\gamma(t), \xi(t)) + \eta(t)\frac{\partial^2 h}{\partial x^2}(t, G_1^\gamma(t), \xi(t)) = 0 \tag{5.19}$$

を満たす $\eta(t)$ でデリバティブ H の保有数を決めることにより，$\tilde{V}(t) = 0$ となる．すなわち，評価のためのモデルを決める（つまり関数 Σ を決める）際に，$\xi(t)$ が不変となるようなモデルがもし仮に存在するなら，そのモデルを評価に用い，いま述べた方法で戦略をつくればデリバティブの複製ができることになる．

このとき，このモデルは，証券 1 の実際の挙動と整合するかどうかが問題となっていないことが興味深い．これは，評価モデルと現実の原証券変動との違いにより生じているはずの新種デリバティブ評価のずれを，流動性の高いデリバティブの評価のずれで打ち消す関係になっていることを示している．

なお，実務では，デリバティブ価格式をそのときの原資産価格で 2 階微分した値はガンマとよばれており，(5.19) 式を満たす $\eta(t)$ でデリバティブ H の保有数を決める戦略は，しばしば**ガンマニュートラルヘッジ** (gamma neutral hedge) とよばれる．

ただ残念ながら，現実には，$\xi(t)$ が変化しないモデルをみつけることは難

しい．$\xi(t)$ が変化してしまうようなモデルでは，$\eta(t)$ を (5.19) 式を満たすように決めたとして，

$$\begin{aligned}
d\tilde{V}(t) &= \left(\frac{\partial g}{\partial \sigma}(t, G_1^\gamma(t), \xi(t)) + \eta(t)\frac{\partial h}{\partial \sigma}(t, G_1^\gamma(t), \xi(t))\right) d\xi(t) \\
&+ \frac{1}{2}\left(\frac{\partial^2 g}{\partial \sigma^2}(t, G_1^\gamma(t), \xi(t)) + \eta(t)\frac{\partial^2 h}{\partial \sigma^2}(t, G_1^\gamma(t), \xi(t))\right)\sigma^\xi(t)^2 dt \\
&+ \left(\frac{\partial^2 g}{\partial x \partial \sigma}(t, G_1^\gamma(t), \xi(t)) + \eta(t)\frac{\partial^2 h}{\partial x \partial \sigma}(t, G_1^\gamma(t), \xi(t))\right) \\
&\qquad\times \rho(t)\sigma^S(t)\sigma^\xi(t) dt
\end{aligned} \tag{5.20}$$

が残るため，この戦略ではデリバティブを複製できていないことになる．

現実には，理想的なモデルをみつけることはきわめて困難であり，結局のところ，(5.18) 式を時刻 0 から満期 T まで積分して得られる $\tilde{V}(T)$ が，ヘッジのずれということになる．もし，想定 5 と 6 の G_1 や ξ の P のもとでの挙動を知ることができれば，(5.18) 式をもとに $\tilde{V}(T)$ の分布をみることで，より好ましい分布を得るためには η をどのように決めればよいか，さらにそのときの $\tilde{V}(T)$ の分布が許容可能なずれといえるか，といったことが議論できるであろう．実際にはもちろん P のもとでの真のモデルを正確に知ることは不可能だが，なんらかの想定のもと，$\tilde{V}(T)$ の分布がどの程度のものかを試算しておくことは，このデリバティブを実用化するうえで意味のあることであろう．

5.2 モデルの検討

以下では，連続時間の枠組みで市場のモデルを一般的に考えていく．これ以降は，セミマルチンゲールの一般論についての知識を前提として述べる．これらについては，たとえば Protter [20] などを参考にされたい．

まずこの節では，連続時間のモデルを記述するにあたり，どのような概念や変数が必要になるかを探ってみよう．

$(\Omega, \mathcal{F}, P)$ を完備な確率空間とする．$\{\mathcal{F}_t\}_{t\in[0,\infty)}$ をフィルトレーション[11]と

---

11) 連続時間のフィルトレーションの定義は，付録 C を参照されたい．

する.

　証券は $0, 1, 2, \ldots, d$ の $d+1$ 種類とし，$S^k(t)$ を時刻 t における証券 k の配当落ち価格とする．このとき，$\{S^k(t); t \geqq 0\}, k = 0, 1, \ldots, d$ はフィルトレーション $\{\mathcal{F}_t\}_{t \in [0, \infty)}$ に関して適合な確率過程，すなわち任意の t について $S^k(t)$ は $\mathcal{F}_t$-可測とする．

　配当に関してはまず簡単な設定のもとで考える．すなわち，$0 < T_1 < T_2 < T_3 < \cdots$ は $T_n \uparrow \infty$ を満たす実数列で，配当は時刻 $T_n, n = 1, 2, \ldots$ で発生するとする．$\delta^k_{T_n}, k = 0, 1, \ldots, d, n = 1, 2, \ldots$ を時刻 T_n における証券 k の配当金額とする．$\delta^k_{T_n}$ は $\mathcal{F}_{T_n}$-可測であるとする．このままでは扱いにくいので，確率過程 $\{D^k(t)\}_{t \in [0, \infty)}, k = 0, 1, \ldots, d$ を

$$D^k(t) = \sum_{T_n \leqq t} \delta^k_{T_n}$$

により定義する．これは，単純に（支払い時刻が異なっていることを気にせず）累積された**累積配当過程**である．

　さて，ポートフォリオ戦略をどのように定義するかが最大の問題となる．まず，単純な戦略を考える．$0 = \tau_0 \leqq \tau_1 \leqq \tau_2 \leqq \cdots$ を増大する停止時刻の列で，$\tau_n(\omega) \to \infty, n \to \infty$ がすべての $\omega \in \Omega$ で成り立つとする．また，$\xi_n, n = 0, 1, \ldots$ は $\mathcal{F}_{\tau_n}$-可測確率変数であるとする．単純なポートフォリオ戦略とは，最初，すなわち時刻 0 における取引直前には証券は何も保有していないとして，時刻 $\tau_n, n = 0, 1, 2, \ldots$ にポートフォリオを ξ_n に変更するという戦略である．便宜上，$\xi_{-1} = 0$ とおく．そして，

$$\theta^k(t) = \sum_{n=1}^{\infty} \xi^k_{n-1} \mathbf{1}_{(\tau_{n-1}, \tau_n]}(t), \quad t \in [0, \infty), \ k = 0, 1, \ldots, d$$

とおき，$\theta(t) = (\theta^0(t), \theta^1(t), \ldots, \theta^d(t))$ とおく．$\mathbf{S}$ をこのような $\mathbf{R}^{1+d}$-値確率過程 θ の集合とする．確率過程 $\{\theta(t)\}_t$ は $\{\mathcal{F}_t\}$-適合な単過程であり，各 $\omega \in \Omega$ について $\theta(\cdot, \omega)$ は左連続で右極限が存在する．図 5.1 は，$\{\theta(t)\}_t$ の例である．$\theta(t)$ は，時刻 t における組替え直前のポートフォリオであり，組替え直後のポートフォリオは $\theta(t+)$ で表される．

　戦略 $\theta \in \mathbf{S}$ による実質配当を考える．$\{\tau_0, \tau_1, \tau_2, \ldots\} \supset \{T_1, T_2, \ldots\}$ としてよい．このとき，時刻 $\tau_n, n = 1, \ldots$ において実質配当

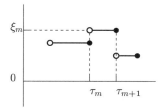

図 5.1 $\theta(\omega)$ の例

$$\delta_n^\theta = \xi_{n-1} \cdot (S(\tau_n) + (D(\tau_n) - D(\tau_{n-1}))) - \xi_n \cdot S(\tau_n)$$
$$= \theta(\tau_n) \cdot (S(\tau_n) + (D(\tau_n) - D(\tau_{n-1}))) - \theta(\tau_n+) \cdot S(\tau_n)$$

を得る．時刻 0 では，

$$\delta_0^\theta = -\xi_0 \cdot S(\tau_0) = -\theta(0+) \cdot S(0)$$

となる．

$$D(t;\theta) = \sum_{\tau_n \leqq t} \delta_n^\theta, \qquad t \in [0, \infty)$$

とおくと，これは戦略 θ のもとでの単純に集計された**累積実質配当過程**である．

各 ω と t に対して，ある m について $\tau_m(\omega) \leqq t < \tau_{m+1}(\omega)$ となるが，このとき

$$D(t;\theta) = \sum_{n=1}^{m} \xi_{n-1} \cdot (S(\tau_n) + (D(\tau_n) - D(\tau_{n-1}))) - \sum_{n=0}^{m} \xi_n \cdot S(\tau_n)$$
$$= \sum_{n=1}^{m} \xi_{n-1} \cdot (D(\tau_n) - D(\tau_{n-1})) + \sum_{n=1}^{m} \xi_{n-1} \cdot S(\tau_n)$$
$$\quad - \sum_{n=1}^{m} \xi_{n-1} \cdot S(\tau_{n-1}) - \xi_m \cdot S(\tau_m)$$
$$= \sum_{n=1}^{m} \xi_{n-1} \cdot (D(\tau_n) - D(\tau_{n-1})) + \sum_{n=1}^{m} \xi_{n-1} \cdot (S(\tau_n) - S(\tau_{n-1}))$$
$$\quad - \xi_m \cdot S(\tau_m)$$

となる．ここで，

$$-\xi_m \cdot S(\tau_m) = \xi_m \cdot (S(t) - S(\tau_m)) - \xi_m \cdot S(t)$$
$$= \xi_m \cdot (S(t) - S(\tau_m)) - \theta(t+) \cdot S(t)$$

であるので，$D(t) - D(\tau_m) = 0$ に注意すると，

$$D(t;\theta) = \sum_{n=1}^{m} \xi_{n-1} \cdot (D(\tau_n) - D(\tau_{n-1})) + \xi_m \cdot (D(t) - D(\tau_m))$$
$$+ \sum_{n=1}^{m} \xi_{n-1} \cdot (S(\tau_n) - S(\tau_{n-1})) + \xi_m \cdot (S(t) - S(\tau_m)) - \theta(t+) \cdot S(t)$$
$$= \int_{(0,t]} \theta(s) \cdot dD(s) + \int_{(0,t]} \theta(s) \cdot dS(s) - \theta(t+) \cdot S(t)$$

と書ける（積分は，単過程を被積分とする確率積分）．

またさらに，$\gamma_n > 0$, $n = 0, 1, \ldots$ を $\mathcal{F}_{\tau_n}$-可測確率変数であるとし，

$$\gamma(t) = \sum_{n=0}^{\infty} \gamma_n \mathbf{1}_{[\tau_n, \tau_{n+1})}(t), \qquad t \in [0, \infty)$$

とおく．このとき，γ は適合過程である．これを離散時間におけるデフレーターに相当するものと考えて，

$$G^\gamma(t) = \sum_{n=1}^{\infty} \mathbf{1}_{\{\tau_n \leqq t\}} \gamma(\tau_n)(D(\tau_n) - D(\tau_{n-1})) + \gamma(t) S(t),$$
$$D^\gamma(t;\theta) = \gamma(0) D(0;\theta) + \sum_{n=1}^{\infty} \mathbf{1}_{\{\tau_n \leqq t\}} \gamma(\tau_n)(D(\tau_n;\theta) - D(\tau_{n-1};\theta))$$

とおく．各 ω と t に対して，$\tau_m(\omega) \leqq t < \tau_{m+1}(\omega)$ であるとき，

$$G^\gamma(t) = \sum_{n=1}^{m} \gamma(\tau_n)(D(\tau_n) - D(\tau_{n-1})) + \gamma(t) S(t)$$
$$= \sum_{n=1}^{m} \gamma(\tau_{n-1})(D(\tau_n) - D(\tau_{n-1})) + \gamma(\tau_m)(D(t) - D(\tau_m))$$
$$+ \sum_{n=1}^{m} (\gamma(\tau_n) - \gamma(\tau_{n-1}))(D(\tau_n) - D(\tau_{n-1}))$$
$$+ (\gamma(t) - \gamma(\tau_m))(D(t) - D(\tau_m)) + \gamma(t) S(t)$$
$$= \int_{(0,t]} \gamma(s-) dD(s) + [\gamma, D](t) + \gamma(t) S(t)$$

となる．同様に

$$D^\gamma(t;\theta) = \gamma(0)D(0;\theta) + \int_{(0,t]} \gamma(s-)dD(s;\theta) + [\gamma, D(\cdot;\theta)](t)$$

を得る．

戦略をもっと一般な場合に拡大するためには，積分を確率積分に拡張する必要がある．確率積分が定義できるためには S が（そして D が）セミマルチンゲールとよばれるものである必要がある（このような技術的な理由でなく，ファイナンスの観点より証券価格がセミマルチンゲールでなくてはならないことを示した研究が Delbaen-Schachermayer [4] により行われている）．

5.3 モデルの設定

改めてモデルを定義しなおそう．まず，$(\Omega, \mathcal{F}, P)$ を完備な確率空間とする．$\mathcal{N} = \{B \in \mathcal{F};\ P(B) = 0 \text{ または } 1\}$ とおき，$\{\mathcal{F}_t\}_{t \in [0,\infty)}$ は右連続なフィルトレーションで，$\mathcal{N} \subset \mathcal{F}_0$，および，$\sigma(\cup_{t \in [0,\infty)} \mathcal{F}_t) = \mathcal{F}$ を満たすとする．$\mathcal{S}$ は，以下のような $X : [0,\infty) \times \Omega \to \mathbf{R}$ 全体の集合とする．

・$X(t), t \geqq 0$ はセミマルチンゲールであり，

・$X(\cdot, \omega) : [0, \infty) \to \mathbf{R}, \omega \in \Omega$ は右連続で左極限が存在する．

$\mathcal{L}$ は，以下のような $X : [0,\infty) \times \Omega \to \mathbf{R}$ 全体の集合とする．

・確率変数 $X(t),\ t \in [0,\infty)$ は $\mathcal{F}_t$-可測で，

・$X(\cdot, \omega) : [0, \infty) \to \mathbf{R}, \omega \in \Omega$ は左連続で右極限が存在し，$X(0) = 0$．

$\mathcal{P}$ は，$[0,\infty) \times \Omega$ 上の σ-加法族で $\{X : [0,\infty) \times \Omega \to \mathbf{R};\ X \in \mathcal{L}\}$ を可測にする最小の σ-加法族とする（可予測加法族）．また，$m\mathcal{P}$ は $[0,\infty) \times \Omega$ 上の $\mathcal{P}$-可測関数全体とする（可予測過程の集合）．

$S, D \in \mathcal{S}^{1+d}$，$D(0) = 0$ とし，$S^k, k = 0, 1, \ldots, d$ は証券 k の配当落ち価格過程，$D^k, k = 0, 1, \ldots, d$ は証券 k の累積配当過程と考える．$\theta \in \mathcal{L}^{1+d}$ に対して $D(\cdot; \theta) \in \mathcal{S}$ を

$$\begin{aligned} D(t;\theta) &= \int_{(0,t]} \theta(s) \cdot dD(s) + \int_{(0,t]} \theta(s) \cdot dS(s) - \theta(t+) \cdot S(t) \\ &= \int_{(0,t]} \theta(s) \cdot d(D+S)(s) - \theta(t+) \cdot S(t) \end{aligned}$$

とおき，これをポートフォリオ戦略 θ に対する累積実質配当過程と考える．ここで，$\theta(t+) \cdot S(t)$ は時刻 t におけるポートフォリオの価値である．

第 5 章 連続時間モデル

定義 5.3.1 $\gamma = \{\gamma(t); t \geqq 0\}$ がデフレーターであるとは，$\gamma \in \mathcal{S}$ であって
$$P\left(\inf_{t \in [0,T]} \gamma(t) > 0, \quad T > 0\right) = 1$$
となる[12]ことをいう．

デフレーター γ に対して $G^\gamma \in \mathcal{S}^{1+d}$ を
$$G^\gamma(t) = \int_{(0,t]} \gamma(s-)dD(s) + [\gamma, D](t) + \gamma(t)S(t), \qquad t \geqq 0$$
とおく．また，デフレーター γ および $\theta \in \mathcal{L}$ に対して $D^\gamma(\cdot, \theta) \in \mathcal{S}$ を
$$D^\gamma(t; \theta) = \gamma(0)D(0; \theta) + \int_{(0,t]} \gamma(s-)dD(s; \theta) + [\gamma, D(\cdot; \theta)](t), \quad t \geqq 0$$
とおく．

このとき，次が成立する．

命題 5.3.2 $\theta \in \mathcal{L}^{1+d}$ に対して，次が成り立つ．
$$D^\gamma(t, \theta) + \gamma(t)\theta(t+) \cdot S(t) = \int_{(0,t]} \theta(s) \cdot dG^\gamma(s).$$

証明 $\theta \in \mathbf{S}$ のときに示せば十分である．このとき，$\xi(t) = \theta(t+)$ とおくと，$\xi \in \mathcal{S}^{1+d}$ かつ $\theta(t) = \xi(t-)$ となる（ただし，$\xi(0-) = 0$ とする）．

このとき，
$$\int_{(0,t]} \theta(s) \cdot dG^\gamma(s) = \int_{(0,t]} \xi(s-) \cdot dG^\gamma(s)$$
$$= \int_{(0,t]} \gamma(s-)\xi(s-) \cdot dD(s) + \int_{(0,t]} \xi(s-) \cdot d[\gamma, D](s)$$
$$\quad + \int_{(0,t]} \xi(s-) \cdot d(\gamma S)(s)$$
$$= \int_{(0,t]} \gamma(s-)\xi(s-) \cdot d(D+S)(s) + \int_{(0,t]} \xi(s-) \cdot d[\gamma, D+S](s)$$
$$\quad + \int_{(0,t]} \xi(s-) \cdot S(s-)d\gamma(s).$$

---

[12] 離散時間モデルでは，確率過程 γ_t がデフレータであるための条件は単に $\gamma_t > 0$ であったが，連続時間モデルでは，γ^{-1} がまた $\mathcal{S}$ の元となるために，このような条件式が必要となる．

一方，

$$D(t;\theta) = \int_{(0,t]} \xi(s-) \cdot d(D+S)(s) - \xi(t) \cdot S(t)$$

なので，

$$\begin{aligned}D^\gamma(t,\theta) = {}& \gamma(0)D(0;\theta) \\ & + \int_{(0,t]} \gamma(s-)\xi(s-) \cdot d(D+S)(s) - \int_{(0,t]} \gamma(s-)d(\xi \cdot S)(s) \\ & + \int_{(0,t]} \xi(s-)d[\gamma, D+S](s) - [\gamma, \xi \cdot S](t)\end{aligned}$$

を得る．よって，

$$\begin{aligned}& \int_{(0,t]} \theta(s) \cdot dG^\gamma(s) - D^\gamma(t,\theta) \\ & = \int_{(0,t]} \xi(s-) \cdot S(s-)d\gamma(s) + \int_{(0,t]} \gamma(s-)d(\xi \cdot S)(s) \\ & \quad + [\gamma, \xi \cdot S](t) - \gamma(0)D(0;\theta) \\ & = \gamma(t)\xi(t) \cdot S(t).\end{aligned}$$ ∎

5.4 証券 0 がニュメレールである場合

以下ではさらに次のことを仮定する．
(1) $D^0(t) = 0, \quad t \geqq 0.$
(2) $P\left(\inf_{t \in [0,T]} S^0(t) > 0, \quad T > 0\right) = 1.$

このとき，S^0 はニュメレールとみなすことができる．(2) から $1/S^0 \in \mathcal{S}$ であり，S^0 が右連続で左極限をもつことから $\gamma = 1/S^0$ はデフレーターの条件を満たす．

このとき，次の式が成立する．

命題 5.4.1　$\theta \in \mathcal{L}^{1+d}$ に対して，次が成り立つ．

$$D(t,\theta) = D(0,\theta) + \int_{(0,t]} S^0(s-)dD^\gamma(s;\theta) + [S^0, D^\gamma(\cdot;\theta)](t).$$

証明　まず，

$$\int_{(0,t]} S^0(s-)dD^\gamma(s;\theta) + [S^0, D^\gamma(\cdot;\theta)](t)$$
$$= \int_{(0,t]} \gamma(s-)S^0(s-)dD(s;\theta) + \int_{(0,t]} S^0(s-)d[\gamma, D(\cdot;\theta)](s)$$
$$+ \int_{(0,t]} \gamma(s-)d[S^0, D(\cdot;\theta)](s) + [S^0, [\gamma, D(\cdot;\theta)]](t)$$

である．一方，

$$1 = S^0(t)\gamma(t)$$
$$= S^0(0)\gamma(0) + \int_{(0,t]} S^0(s-)d\gamma(s) + \int_{(0,t]} \gamma(s-)dS^0(s) + [S^0, \gamma](t)$$

より

$$0 = [S^0\gamma, D(\cdot;\theta)](t)$$
$$= \int_{(0,t]} S^0(s-)d[\gamma, D(\cdot;\theta)](s) + \int_{(0,t]} \gamma(s-)d[S^0, D(\cdot;\theta)](s)$$
$$+ [[S^0, \gamma], D(\cdot;\theta)](t)$$

を得る．ここで，

$$[S^0, [\gamma, D(\cdot;\theta)]](t) = \sum_{s \leq t} \Delta S^0(s)\Delta[\gamma, D(\cdot;\theta)](s)$$
$$= \sum_{s \leq t} \Delta S^0(s)\Delta\gamma(s)\Delta D(\cdot;\theta)(s)$$
$$= [[S^0, \gamma], D(\cdot;\theta)](t).$$

また，

$$D(t;\theta) - D(0;\theta) = \int_{(0,t]} \gamma(s-)S^0(s-)dD(s;\theta)$$

であるので，命題を得る． ∎

以下では $\gamma = 1/S^0$ とおく．$(G^\gamma)^0(t) = 1, t \geq 0$ に注意する．

$$G^\gamma(t) = ((G^\gamma)^1(t), \ldots, (G^\gamma)^d(t)), \qquad t \geq 0,$$
$$S^\gamma(t) = (\gamma(t)S^1(t), \ldots, \gamma(t)S^d(t)), \qquad t \geq 0$$

とおくと，$G^\gamma, S^\gamma \in \mathcal{S}^d$ である．また，

5.4 証券 0 がニュメレールである場合

$$\theta(t) = (\theta^1(t), \ldots, \theta^d(t)), \quad t > 0$$

とおく．

いま，証券 $1, \ldots, d$ についての売買戦略 $\theta \in \mathcal{L}^d$ および $\mathcal{F}_0$-可測確率変数 c が与えられたとき，

$$\theta^0(t) = -\theta(t) \cdot S^\gamma(t-) + \gamma(0)c + \int_{(0,t)} \theta(s) \cdot dG^\gamma(s), \quad t \geqq 0$$

とおくと，$\theta^0(0+) \cdot S(0) = c$ かつ $D^\gamma(t;\theta) = -\gamma(0)c$ となる．よって，$D(t;\theta) = -c, t \geqq 0$ となる．このような戦略を**自己充足的**な戦略という．このとき，$D(t;\theta) - D(0;\theta) = 0, t \geqq 0$ である．すなわち，$t > 0$ では実質配当はない戦略が，自己充足的な戦略ということになる．また逆に，$D(t;\theta) = -c, t \geqq 0$ ならば $D^\gamma(t;\theta) = -\gamma(0)c$ となるので，任意に与えられた $\bar{\theta} \in \mathcal{L}^d$ に対して，$\theta(t) = (\theta^0(t), \bar{\theta}(t)) \in \mathcal{L}^{d+1}$ が自己充足的な戦略となるような $\theta^0(t)$ は，上式で与えられることがわかる．

さて，$\bar{\theta} \in \mathcal{L}^d$ に対して，θ^0 を上で決め，$V(t) = \theta(t+) \cdot S(t), t \geqq 0$ とおくと，$V(t)$ は戦略 θ のもとでの時刻 t 直後におけるポートフォリオの価値であり，$V(0) = c$ であるので命題 5.3.2 より，

$$\gamma(t)V(t) = \gamma(0)c + \int_{(0,t]} \bar{\theta}(s) \cdot dG^\gamma(s)$$

となる．上式の右辺は確率積分の形をしている．G^γ に対して $(0, \infty)$ 上積分可能な可予測 (predictable) な確率過程 $\xi \in m\mathcal{P}^d$ 全体の集合を $\mathcal{IS}$ と書くことにすると，自己充足的な戦略として $\bar{\theta}$ を $\xi \in \mathcal{IS}$ にまで拡張することができる．

すなわち，$\mathcal{F}_0$-可測確率変数 c に対して初期資金を c として，自己充足的な戦略で証券 1 から d までのポートフォリオ戦略として $\xi \in \mathcal{IS}$ をとるとき，その戦略のもとでの期間 $(0, t)$ における配当は 0 であり，時刻 t 直後のポートフォリオ価値を $V(t)$ とすると，

$$\gamma(t)V(t) = \gamma(0)c + \int_{(0,t]} \xi(s) \cdot dG^\gamma(s) \tag{5.21}$$

が成立することになる．これをもって V の定義とすることができる．

さて，すでにみてきた離散時間モデルでは可予測な確率過程はすべて「許される」戦略と考えてきた．確率空間が有限集合であったので，どのような

確率過程も有界となり奇妙なことが起こり得ないからである．しかし連続時間モデルでは戦略に制限を設けない限り奇妙な結論が導かれることがわかっている．

定義 5.4.2 (1) 戦略 $\xi \in \mathcal{IS}$ が **a-許容的** (a-admissible), $a > 0$ であるとは，確率 1 で

$$\int_{(0,t]} \xi(s) \cdot dG^\gamma(s) \geqq -a, \quad t > 0$$

となることをいう．

(2) 戦略 $\xi \in \mathcal{IS}$ が **許容的** (admissible) であるとは，$a > 0$ が存在して戦略 ξ が a-許容的となることをいう．

K_0 を，確率 1 で $\int_{(0,\infty)} \xi(s) dG^\gamma(s) = X$ となるような許容的な戦略 ξ が存在する確率変数 X 全体の集合とする．すなわち，初期資産 0 から出発し，許容的な戦略によって達成される資産全体の集合である．

$L^\infty = L^\infty(\Omega, \mathcal{F}, P)$ は有界な確率変数全体のなす空間で，L^∞ にはノルム $||X||_\infty := \text{ess.sup} |X| := \inf\{x; 確率 1 で |X| < x\}$ を考える．L^0 は確率変数全体のなす空間で，確率収束の位相が入っているものとする．L^0_+, L^∞_+ はそれぞれ非負値確率変数全体の集合および有界な非負値確率変数全体の集合を表すものとする．

定義 5.4.3 モデルが **NFLVR** (No Free Lunch with Vanishing Risk) であるとは，

$$\overline{C}^{\|\ \|_\infty} \cap L^\infty_+ = \{0\}$$

となることである．ただし，$C = (K_0 - L^0_+) \cap L^\infty$ で，$\overline{C}^{\|\ \|_\infty}$ は L^∞ の位相での C の閉包である．

ここでの集合 C は，無資産から出発し，許容的な戦略を用い，最後に一部の権利を放棄することで達成可能な資産の状態すべてからなる集合である．よって NFLVR は離散時間モデルにおける無裁定と同じ発想の定義である．

定義 5.4.4 Q が G^γ に対する **ELMM** (Equivalent Local Martingale Measure) であるとは，可測空間 $(\Omega, \mathcal{F})$ 上の P と互いに絶対連続な確率測度であっ

て，Q のもとで G^γ が局所マルチンゲール (local martingale)[13]となることをいう．

以下の結果が**連続時間モデルの基本定理**である．ただし，G^γ は局所有界[14]とする．証明については，Delbaen-Schachermayer [4]，Kramkov [17] を参照のこと．

定理 5.4.5（Delbaen-Schachermayer [4]） NFLVR であることの必要かつ十分な条件は G^γ に対する ELMM が存在することである．

$\mathcal{M}$ を G^γ に対する ELMM 全体の集合とする．簡単のため，$\mathcal{F}_0$ は自明な σ-加法族，すなわち，$P(A) = 0$ または $1, A \in \mathcal{F}_0$ を満たすと仮定する．このとき，次の結果が成り立つ．

定理 5.4.6 G^γ は NFLVR と仮定する．このとき，任意の $Y \in L^\infty$ に対して，次が成り立つ．

$$\inf\{x \in \mathbf{R};\ \exists h \in K_0,\ x + h \geqq Y\} = \sup\{E^Q[Y];\ Q \in \mathcal{M}\}.$$

定理 5.4.7（Kramkov [17]） G^γ は NFLVR とする．$\{X(t)\}_{t \in [0,\infty)}$ を $\mathcal{F}_t$-適合で非負な確率過程とし，$X(\cdot, \omega) : [0, \infty) \to \mathbf{R},\ \omega \in \Omega$ は右連続で左極限が存在するとする．次の2条件は同値である．
(1) $\{X(t)\}_{t \in [0,\infty)}$ がすべての $Q \in \mathcal{M}$ に対し，優マルチンゲールとなる．
(2) 許容的な確率過程 ξ と単調非増加な確率過程 C で

$$X(t) = X(0) + \int_{0+}^{t} \xi(s) dG^\gamma(s) + C_t, \qquad t \in [0, T]$$

となるものが存在する．

[13) 確率過程 $\{M(t)\}$ が局所マルチンゲールであるとは，停止時刻の増大列 $\tau_1 \leqq \tau_2 \leqq \cdots$ で，$\tau_n \uparrow \infty$ かつ，各 $M^{\tau_n}(t)$ がマルチンゲールとなるものがあることをいう．
14) 確率過程 $\{M(t)\}$ が局所有界であるとは，停止時刻の増大列 $\tau_1 \leqq \tau_2 \leqq \cdots$ で，$\tau_n \uparrow \infty$ かつ，各 $M^{\tau_n}(t)$ が有界となるものがあることをいう．

5.5 ヨーロピアンデリバティブ，アメリカンデリバティブ

　一般の場合に，連続時間モデルのもとでデリバティブの価格がどのように決まるかをみていく．ここでは離散時間の場合と同様にヨーロピアンデリバティブとアメリカンデリバティブの価格のみを考察する．また根拠となる定理が複雑になるだけで考え方は離散時間の場合と変わらないので要点のみを述べる．

　ヨーロピアンデリバティブとは，時刻 T_0 に状態が ω であれば $Y(\omega)$ の金額を受けとり，他の時刻では何も受けとらないという契約と考える．ただし，Y は $\mathcal{F}_{T_0}$-可測な確率変数である．通常 $Y \geqq 0$ である．このような契約を満期が T_0，支払いが Y のヨーロピアンデリバティブとよぶ．

　アメリカンデリバティブとは時刻 t, $t \leqq T_0$ で権利を行使したとき，時刻 t において $X_t(\omega)$ (ただし X_t は $\mathcal{F}_t$-可測な確率変数で $X_t \geqq 0$) の金額を受けとり，他の時刻では何も受けとらないという契約である．離散時間の場合と同じく時刻 T_0 までには必ず権利を行使しなくてはいけないと規定しておく．このような契約を満期が T_0，支払いが X_t, $t \leqq T_0$ のアメリカンデリバティブとよぶ．

　満期が T_0，支払いが Y のヨーロピアンデリバティブも $X_t = 0, t < T_0$, $X_{T_0} = Y$ とおけば満期が T_0，支払いが X_t, $t \leqq T_0$ のアメリカンデリバティブとみなせる．よって，以下ではアメリカンデリバティブのみを考える．

　満期が T_0，支払いが X_t, $t \leqq T_0$ のアメリカンデリバティブを考えよう．ただし，$X_t, t \in [0, T_0]$ は非負値で右連続な適合過程とする．

　$\mathcal{M}$ を G^γ に対する ELMM 全体の集合とする．右連続で左極限をもつ確率過程 $\{\tilde{X}_t\}_{t \in [0,T]}$ で，$t \in [0, T_0)$ に対しては

$$\tilde{X}_t = \sup\{E^Q[(S^0_\tau)^{-1} X_\tau | \mathcal{F}_t]; Q \in \mathcal{M},$$
$$\tau \text{ は } t \leqq \tau \leqq T_0 \text{ を満たす停止時刻 }\},$$

$t \in [T_0, T]$ に対しては

$$\tilde{X}_t = (S^0_{T_0})^{-1} X_{T_0}$$

となるものが存在する．$\tilde{X}_t$ は非負値で，すべての $Q \in \mathcal{M}$ のもとで優マルチンゲールとなる．よって定理 5.4.7 より許容的な確率過程 ξ と単調非増加な確率過程 C_t が存在して

$$(S^0_{t \wedge T_0})^{-1} X_{t \wedge T_0} \leqq \tilde{X}_t = \int_{0+}^{t} \xi_s dG^\gamma_s + C_t, \qquad t \in [0, T]$$

となる．とくに

$$X_t \leqq C_0 S^0_t + S^0_t \left(\int_{0+}^{t} \xi_s dG^\gamma_s \right), \qquad t \in [0, T_0]$$

となる．この式より，初期費用 $C_0 S^0_0$ でアメリカンデリバティブを完全にヘッジできることがわかる．この $C_0 S^0_0$ がこのアメリカンデリバティブの優複製費用となる．また，もし $\mathcal{F}_0$ が自明な σ-加法族であれば

$$C_0 S^0_0 = S^0_0 \tilde{X}_0$$
$$= \sup\{S^0_0 E^Q[(S^0_\tau)^{-1} X_\tau] \, ; \, Q \in \mathcal{M},$$
$$\tau \text{ は } t \leqq \tau \leqq T_0 \text{ を満たす停止時刻}\}$$

となる．

満期が T_0，支払いが Y ($Y \geqq 0$) のヨーロピアンデリバティブの優複製費用 c はこれをアメリカンデリバティブとみなすことにより

$$c = \sup\{S^0_0 E^Q[(S^0_{T_0})^{-1} Y]; Q \in \mathcal{M}\}$$

となる．

もし，市場が完備，すなわち $\mathcal{M}$ の元がただ 1 つであれば，これらの優複製費用を価格とみなすことができる．

付録 A 凸解析

A.1 m 次元ユークリッド空間

この章では，m 次元ユークリッド空間 $\mathbf{R}^m$ における幾何学について考察していく．

m 次元ユークリッド空間 $\mathbf{R}^m$ とは m 個の実数の組 $(x_1, x_2, \ldots, x_m)$ 全体の集合のことである．m 次元ユークリッド空間 $\mathbf{R}^m$ は数ベクトルである．

x, y を m 次元ユークリッド空間 $\mathbf{R}^m$ に属するベクトルとする．x_i, y_i はそれぞれ x, y の第 i 成分 $(i = 1, 2, \ldots, m)$ とすると，$x = (x_1, x_2, \ldots, x_m)$, $y = (y_1, y_2, \ldots, y_m)$ となる．このとき，ベクトル x とベクトル y との和 $x+y$ と差 $x-y$ を

$$x + y = (x_1 + y_1, x_2 + y_2, \ldots, x_m + y_m),$$
$$x - y = (x_1 - y_1, x_2 - y_2, \ldots, x_m - y_m)$$

で定義する．また実数 a に対し，実数 a とベクトル x の積 ax を

$$ax = (ax_1, ax_2, \ldots, ax_m)$$

で定義する．また，ベクトル x, y の内積 $x \cdot y$ を

$$x \cdot y = x_1 y_1 + x_2 y_2 + \cdots + x_m y_m$$

で定義する．

次の命題は容易に確かめられる．

命題 A.1.1 x, y, z を m 次元ユークリッド空間 $\mathbf{R}^m$ に属するベクトル，a を実数とすると以下が成立する．

(1) $x \cdot y = y \cdot x$.
(2) $(x \pm y) \cdot z = x \cdot z \pm y \cdot z, \quad x \cdot (y \pm z) = x \cdot y \pm x \cdot z$.
(3) $(ax) \cdot y = a(x \cdot y), \quad x \cdot (ay) = a(x \cdot y)$.
(4) $x \cdot x \geqq 0$.

m 次元ユークリッド空間 $\mathbf{R}^m$ に属するベクトル x の長さ $|x|$ を

$$|x| = \sqrt{x \cdot x}$$

で定義する.

m 次元ユークリッド空間 $\mathbf{R}^m$ に属するベクトルの列 $x_1, x_2, \ldots$ がベクトル x_∞ に収束するとは,$|x_\infty - x_n|$ が $n \to \infty$ のとき 0 に収束することをいう.ベクトルの列 $x_1, x_2, \ldots$ がベクトル x_∞ に収束することを $x_n \to x_\infty$ と記す.

命題 A.1.2 (1) m 次元ユークリッド空間 $\mathbf{R}^m$ に属するベクトルの列 $x_1, x_2, \ldots$ およびベクトル x_∞ について考える.点 x_n $(n = 1, 2, \ldots, \infty)$ の第 i 成分 $(i = 1, 2, \ldots, m)$ を $x_{n,i}$ で表す.このとき,ベクトルの列 $x_1, x_2, \ldots$ がベクトル x_∞ に収束するための必要十分条件は,各 i に対して $x_{n,i}$ が $x_{\infty,i}$ に $n \to \infty$ のとき収束することである.

(2) $x_1, x_2, \ldots, y_1, y_2, \ldots$ は m 次元ユークリッド空間 $\mathbf{R}^m$ に属するベクトルの列でそれぞれベクトル x_∞, y_∞ に収束しているとする.このとき,$x_n \cdot y_n$ は $n \to \infty$ のとき,$x_\infty \cdot y_\infty$ に収束する.

A.2 凸集合の分離定理

定義 A.2.1 m 次元ユークリッド空間 $\mathbf{R}^m$ 内の集合 A が**凸集合**であるとは,次の条件を満たすことをいう.

点 x, y がともに集合 A に属するならば,点 x と点 y を結ぶ線分も集合 A に含まれる.すなわち,$x, y \in A$,$0 \leqq \lambda \leqq 1$ ならば $\lambda x + (1-\lambda) y \in A$ となる.

定義 A.2.2 m 次元ユークリッド空間 $\mathbf{R}^m$ 内の集合 K が**閉**であるとは,集合 K が次の条件を満たすことをいう.

集合 K に属する点の列 $x_1, x_2, \ldots$ が点 x_∞ に収束していれば,点 x_∞ も集

合 K に属する．

定理 A.2.3　K は m 次元ユークリッド空間 $\mathbf{R}^m$ 内の空ではない閉凸集合とする．このとき，集合 K のベクトルで長さが最小のものがただ 1 つ存在する．すなわち，集合 K に属するベクトル x で以下の条件を満たすものが存在する．

　　条件：$y \in K$ かつ $y \neq x \Rightarrow |x| < |y|$．

証明　r を集合 K に属するベクトルの長さの下限とする．すなわち，$r = \inf\{|y|;\ y \in K\}$．このとき，集合 K に属するベクトルの列 $y_1, y_2, \ldots$ でベクトルの長さ $|y_n|$ が r に収束するものが存在する．ベクトル y_n の第 i 成分 $(i = 1, 2, \ldots, m)$ を $y_{n,i}$ で表すと，$y_{n,i} \leqq |y_n|$ なので，各 i に対して数列 $y_{1,i}, y_{2,i}, \ldots$ は有界数列となる．したがって，必要ならば部分列をとり，各 i に対して，$y_{n,i}$ は $n \to \infty$ のとき，収束すると考えてよい．その極限を x_i とし，ベクトル x を $x = (x_1, x_2, \ldots, x_m)$ で定めると，ベクトルの列 $y_1, y_2, \ldots$ はベクトル x に収束することがわかる．仮定より集合 K は閉なので，ベクトル x は集合 K に属する．また，$y_n \cdot y_n$ は $x \cdot x$ に収束するので，$|x| = r$ であることがわかる．したがって，集合 K に属する任意のベクトル y に対して $|x| \leqq |y|$ であることがわかる．ベクトル y が x と異なれば等号が成立しないことを示そう．もし，等号が成立すると $|y| = r$ である．ベクトル z を $z = \frac{1}{2}x + \frac{1}{2}y$ で定めると，K は凸集合なのでベクトル z は集合 K に属する．内積の性質より

$$\begin{aligned}|z|^2 &= \frac{1}{4}(x+y)\cdot(x+y) \\ &= \frac{1}{4}(x\cdot x + y\cdot y + 2x\cdot y) \\ &= \frac{1}{4}(2x\cdot x + 2y\cdot y - (x-y)\cdot(x-y)) \\ &= r^2 - \frac{1}{4}|x-y|^2\end{aligned}$$

となる．x, y は異なるので $|x - y| > 0$．よってベクトル z の長さは r より小さくなり r が下限であることに反する．よって主張を得る．　■

定理 A.2.4　K は m 次元ユークリッド空間 $\mathbf{R}^m$ 内の空ではない閉凸集合とする．x_0 は m 次元ユークリッド空間 $\mathbf{R}^m$ に属するベクトルで，集合 K に属

さないものとする．このとき，0 でないベクトル ξ および実数 a で，以下の条件を満たすものが存在する．

$$x_0 \cdot \xi < a$$

かつ集合 K に属する任意のベクトル y に対して

$$y \cdot \xi > a.$$

証明 $K_0 = K - x_0 = \{y - x_0;\ y \in K\}$ とおけば，K_0 が空ではない閉凸集合で 0 を含まないことが容易にわかる．このとき，定理 A.2.3 より $z_0 \in K_0$ で

$$|z_0|^2 < |z|^2, \qquad z \in K_0, \quad z \neq z_0$$

となるものが存在する．ここで任意に $z \in K_0$ をとり，

$$f(t) = |(1-t)z_0 + tz|^2 = (z_0 + t(z-z_0)) \cdot (z_0 + t(z-z_0)), \qquad 0 \leqq t \leqq 1$$

とおくと，集合 K_0 は凸集合なので $(1-t)z_0 + tz \in K_0$ であることから，

$$f(0) < f(t), \qquad 0 < t < 1$$

である．したがって，

$$f'(0) = 2(z - z_0) \cdot z_0 \geqq 0$$

となる．$z_0 \in K_0$ より $z_0 \neq 0$ すなわち $c = |z_0|^2 > 0$，よって，

$$z \cdot z_0 \geqq c, \qquad z \in K_0$$

となる．したがって，$\xi = z_0, a = \dfrac{c}{2} + x_0 \cdot z_0$ とおけば主張を得る． ■

定理 A.2.5 K_1, K_2 は m 次元ユークリッド空間 $\mathbf{R}^m$ 内の空ではない閉凸集合で，交わりをもたない，すなわち $K_1 \cap K_2 = \emptyset$ とする．さらに，K_1 は有界，すなわち $M > 0$ が存在して $K_1 \subset [-M, M]^m$ であるとする．このとき，0 でないベクトル ξ および実数 a で以下の条件を満たすものが存在する．

集合 K_1 に属する任意のベクトル x に対して

$$x \cdot \xi > a$$

かつ集合 K_2 に属する任意のベクトル y に対して

$$y \cdot \xi < a.$$

証明 $\mathbf{R}^m$ 内の集合 L を $L = \{x - y;\ x \in K_1, y \in K_2\}$ により定める．L が凸集合であることは容易にわかる．$\{z_n\}_{n=1}^{\infty}$ は L に含まれる点列で $z_n \to z$, $n \to \infty$ とする．このとき，$x_n \in K_1, y_n \in K_2$ かつ $z_n = x_n - y_n, n = 1, 2, \ldots$ となるものが存在する．まず，集合 K_1 は有界かつ閉なので点列コンパクト，したがって，$\{x_n\}_{n=1}^{\infty}$ の部分列 $\{x_{n_k}\}_{k=1}^{\infty}$ および $x_\infty \in K_1$ が存在して $x_{n_k} \to x_\infty, k \to \infty$ となる．このとき，$y_{n_k} = x_{n_k} - z_{n_k} \to x_\infty - z, k \to \infty$ となる．K_2 は閉集合なので，$x_\infty - z \in K_2$, よって，$z = x_\infty - (x_\infty - z) \in L$ となり，L が閉集合であることがわかる．

また，仮定より $0 \notin L$ である．よって定理 A.2.4 より 0 ではないベクトル $\xi \in \mathbf{R}^m$ および $b \in \mathbf{R}$ が存在して，$0 \cdot \xi < b$ であり，$z \in L$ に対して，$z \cdot \xi > b$ が成立する．よって，$b > 0$ であり，任意の $x \in K_1, y \in K_2$ に対して $(x - y) \cdot \xi > b$, すなわち $x \cdot \xi > y \cdot \xi + b$ となる．よって

$$\inf\{x \cdot \xi;\ x \in K_1\} \geqq \sup\{y \cdot \xi;\ x \in K_1\} + b$$

となる．$a = \inf\{x \cdot \xi;\ x \in K_1\} + b/2$ とおけばよい． ∎

$\mathbf{R}_+^m$ および $\mathbf{R}_{++}^m$ は $\mathbf{R}^m$ の元で各成分が非負であるようなベクトル全体，および各成分が正であるようなベクトル全体を表すものとする．すなわち，

$$\mathbf{R}_+^m = [0, \infty)^m, \qquad \mathbf{R}_{++}^m = (0, \infty)^m.$$

定理 A.2.6 V は m 次元ユークリッド空間 $\mathbf{R}^m$ 内の部分ベクトル空間とする．いま，$V \cap \mathbf{R}_+^m = \{0\}$ であるならば $\xi \in \mathbf{R}_{++}$ ですべての $x \in V$ に対して $x \cdot \xi = 0$ となるものが存在する．

証明 V は部分ベクトル空間であるので閉凸集合であることに注意する．K_1 を

$$K_1 = \{x = (x^1, \ldots, x^m) \in \mathbf{R}_+^m;\ \sum_{k=1}^{m} x_k = 1\}$$

とおく．K_1 は有界かつ閉な凸集合で，$K_1 \cap V = \emptyset$ となる．よって，定理 A.2.5 より，このとき，0 でないベクトル ξ および実数 a で $x \in K_1$ に対して $x \cdot \xi > a, y \in V$ に対して $y \cdot \xi < a$ となるものが存在する．

V が部分ベクトル空間であることから $a > 0 = 0 \cdot \xi$ となる．また，$y \in V$, $t > 0$ ならば，$ty, -ty \in V$ であるので，$t(y \cdot \xi) < a, -t(y \cdot \xi) < a$ となり，$y \cdot \xi < a/t, y \cdot \xi > -a/t$ となる．$t \to \infty$ とすることで $y \cdot \xi = 0$ を得る．したがって，任意の $y \in V$ に対して，$y \cdot \xi = 0$ であることがわかる．

また，$\xi = (\xi^1, \ldots, \xi^m)$ とおく．$i = 1, \ldots, m$ に対して $e_i \in \mathbf{R}^m$ は第 i 成分が 1，他の成分が 0 となるベクトルとすると，$e_i \in K_1$ となるので

$$\xi^i = e_i \cdot \xi > a > 0, \qquad i = 1, \ldots, m$$

となることがわかる．よって，$\xi \in \mathbf{R}^m_{++}$ であることがわかる． ■

付録 B 離散確率論の基礎

B.1 確率論の現代的取扱い

数理ファイナンスの道具として確率論の考え方と記法の習得は絶対に必要となる．離散時間の確率論であっても，一般論を学ぶことは，初学者にとって難しく感じることが少なくない．それは，起こりうる事象の数や，時間が無限であることに起因していることが多い．そこで，ここではわかりやすく確率論を解説することを優先するために，もっとも簡単な場合，すなわち起こりうる事象の数も時間も有限な場合に限定して述べる．このため，命題や定理の証明を付けていないところは頑張れば証明可能なので，演習問題と考えてほしい．難しい場合は，楠岡[25]が参考になる．

B.1.1 確率論の基礎概念

現代の確率論では，これ以上分けることができない事象，すなわち**根元事象**を考え，すべての事象は根元事象の集まりで表現できると考える．**確率空間**とは根元事象の全体を表す集合 Ω，事象の全体を表す集合 $\mathcal{F}$，および確率を表現する確率測度 P よりなる．ここでは Ω が有限個の要素より構成されている場合のみを考える．また，$\mathcal{F}$ は Ω の部分集合全体のなす集合とする．このとき，P が**確率測度**であるとは，P は $\mathcal{F}$ の各要素を 0 以上 1 以下の実数に対応させる関数で，

(P-1) $P(\emptyset) = 0, \quad P(\Omega) = 1,$

(P-2) $A, B \in \mathcal{F}$ で共通部分がないならば，$P(A \cup B) = P(A) + P(B)$

という 2 条件を満たすということである．$A \in \mathcal{F}$ に対し，$P(A)$ が「事象 A の起こる確率」と考えられる．Ω の元はいつも ω で表す．また，ω に対する条件 Q が与えられたとき，煩雑さを避けるため，条件 Q を満たす事象

$\{\omega \in \Omega; Q(\omega)\}$ を単に $\{Q\}$ で,条件 Q を満たす事象の確率 $P(\{\omega \in \Omega; Q(\omega)\})$ を単に $P(Q)$ で表すことが多い.

確率変数とは全事象の空間 Ω から実数の空間への関数のことをいう.

確率変数 X の**期待値**(平均)$E[X]$ を

$$E[X] = \sum_{\omega \in \Omega} X(\omega) P(\{\omega\})$$

で定める.

確率変数 X および $\mathbf{R}$ の部分集合 C に対して $X^{-1}(C) = \{\omega \in \Omega;\ X(\omega) \in C\}$ と定める.このとき,確率変数 X が x という値をとる確率は $P(X^{-1}(\{x\}))$ となる.

実数の空間 $\mathbf{R}$ の部分集合 C に対して,確率変数 X が C の中に値をとる確率 $P(X^{-}(C))$ を対応させる関数(集合に対して実数を対応させるのでしばしば集合関数とよばれる)を確率変数 X の**確率分布**とよぶ.確率変数 X のとりうる値の集合を $\{x_1, x_2, \ldots, x_n\}$ $(x_1 < x_2 < \cdots < x_n)$ とすると $\mathbf{R}$ の部分集合 C に対して

$$P(X^{-1}(C)) = \sum_{x_k \in C} P(X^{-1}(\{x_k\}))$$

となる.確率変数 X の期待値(平均)$E[X]$ を

$$E[X] = \sum_{\omega \in \Omega} X(\omega) P(\{\omega\})$$

で定める.簡単な計算により

$$E[X] = \sum_{i=1}^{n} x_i P(X^{-1}(\{x_i\}))$$

であることがわかる.B を事象,すなわち $B \in \mathcal{F}$ としたとき確率変数 X の事象 B 上の期待値 $E[X, B]$ を

$$E[X, B] = \sum_{\omega \in B} X(\omega) P(\{\omega\})$$

で定める.

実数 c は根元事象に対しつねに一定の値 c を対応させる確率変数と考えることができる.また X, Y は確率変数,a, b は実数とすると,$aX + bY$ は $\omega \in \Omega$ に $aX(\omega) + bY(\omega)$ を対応させる関数,すなわち確率変数とみなせる.

命題 B.1.1　X, Y は確率変数, a, b は実数とする．このとき，次が成立する．
(1) $E[a] = a$.
(2) （期待値の線形性）$E[aX + bY] = aE[X] + bE[Y]$.

B.1.2　情報の表現，部分加法族

確率変数の値を知れば事象に対する**情報**が得られる．このように確率変数は情報を与えてくれる源である．いま，X を確率変数とする．X^2, X^3 も確率変数となる．X の値を知れば X^2, X^3 の値はわかる．一方，X^3 の値を知れば X の値はわかるが，X^2 の値がわかっても X の値は必ずしもわかるとは限らない．X が -1 と 1 両方の値をとりうるならば，X^2 の値から X の値は確定できない．こうしてみると確率変数 X と確率変数 X^3 の与えてくれる情報は等しいが，確率変数 X^2 の与えてくれる情報はこれらよりも一般に少ないといえよう．確率変数の与えてくれる情報の比較を関数の形で比較するのは容易ではない．そこで次のような工夫をする．

いま，確率変数 X に対し，Ω の部分集合からなる集合 $\sigma\{X\}$ を

$$\sigma\{X\} = \{X^{-1}(A);\ A \text{ は実数の空間 } \mathbf{R} \text{ の部分集合 }\} \tag{B.1}$$

で定める．もし $\omega, \omega' \in \Omega$ に対して，$B, B' \in \sigma\{X\}$ で，$\omega \in B$, $\omega' \in B'$, $B \cap B' = \emptyset$ を満たすものが存在すれば $X(\omega) \neq X(\omega')$ となる．よって，確率変数 X によって ω と ω' は識別できることになる．また，

$$\sigma\{X^2\} \subset \sigma\{X^3\} = \sigma\{X\}$$

であることも容易に確かめられる．したがって，$\sigma\{X\}$ が確率変数 X の情報を表すと考えることは妥当であろう．$\mathcal{B} = \sigma\{X\}$ はまた次のような性質をもつ．

$$\emptyset \in \mathcal{B} \quad \text{かつ} \quad \Omega \in \mathcal{B}, \tag{B.2}$$

$$B, B' \in \mathcal{B} \quad \text{ならば} \quad B \cup B',\ B \setminus B' \in \mathcal{B}. \tag{B.3}$$

上の性質 (B.2), (B.3) を満たす Ω の部分集合からなる集合の族 $\mathcal{B}$ を Ω 上の**加法族**とよぶ．Ω 上の任意の加法族は，すべて**情報**を表しているものと考える．Ω 上の加法族 $\mathcal{B}, \mathcal{B}'$ が $\mathcal{B} \subset \mathcal{B}'$ を満たすとき $\mathcal{B}'$ の表す情報の方が $\mathcal{B}$ の

表す情報の方より大きいと考える．

もっとも大きな加法族は $\mathcal{F}$ であり，全情報を表していると考える．もっとも小さな加法族は $\{\emptyset, \Omega\}$ であり，無情報，すなわちまったく情報がないことを表していると考える．

事象 $B \in \mathcal{F}$ に対して，$\{\emptyset, B, \Omega \setminus B, \Omega\}$ は Ω 上の加法族となる．これを事象 B の与える情報と考える．

また，確率変数の列 $X_1, \ldots, X_n$ に対し，Ω 上の加法族 $\sigma\{X_1, \ldots, X_n\}$ を

$$\sigma\{X_1, \ldots, X_n\} = \{\{\omega \in \Omega;\ (X_1(\omega), \ldots, X_n(\omega)) \in A\};\ A\ \text{は}\ \mathbf{R}^n\ \text{の部分集合}\ \}$$

で定める．加法族 $\sigma\{X_1, \ldots, X_n\}$ は確率変数の列 $X_1, \ldots, X_n$ の与える情報と考えられる．

$\mathcal{B}$ を加法族とし，確率変数 X に対して $\sigma\{X\} \subset \mathcal{B}$ であれば，$\mathcal{B}$ の情報より X の値を知ることができることになる．このとき，確率変数 X は $\mathcal{B}$-**可測**であるという．

B.1.3 条件付き確率，条件付き期待値

事象 A, B に対して，もし $P(B) \neq 0$ ならば**条件付き確率** $P(A|B)$ を

$$P(A|B) = \frac{P(A \cap B)}{P(B)}$$

で定義する．

前項でみたように，加法族 $\mathcal{B}$ は情報を表すと解釈できた．簡単にわかるように，任意の加法族 $\mathcal{B}$ に対して，次のような条件を満たす空でない事象の族 $\{B_1, \ldots, B_n\}$ が存在する．

(1) $B_i \in \mathcal{B}, \quad i = 1, \ldots, n$.
(2) $\bigcup_{k=1}^n B_k = \Omega, \quad B_i \cap B_j = \emptyset, \quad i \neq j$.
(3) 部分加法族 $\mathcal{B}$ の要素は空集合をのぞいてすべて，事象 $B_1, \ldots, B_n$ のある組合せの和集合で表される．

このような空でない事象の族 $\{B_1, \ldots, B_n\}$ は一通りに決まる．これを加法族 $\mathcal{B}$ の**原子の族**とよぶことにする．

さて，加法族 $\mathcal{B}$ が与えられていたとする．事象 A に対して $P(A|\mathcal{B})$ は次で

定義される確率変数（Ω 上の関数）とする．

$$P(A|\mathcal{B})(\omega) = \begin{cases} P(A|B_i), & \omega \in B_i,\ P(B_i) \neq 0 \text{ のとき}, \\ 0, & \omega \in B_i,\ P(B_i) = 0 \text{ のとき} \end{cases}$$

ただし，$\{B_1,\ldots,B_n\}$ は加法族 $\mathcal{B}$ の原子の族である．

この関数は $\omega \in B_i$ であることがわかったとき**条件付き確率** $P(A|B_i)$ を与える機構と解釈できる．

次の命題が容易に示せる．

命題 B.1.2 A を事象，$\mathcal{B}$ を加法族とする．
(1) $Y = P(A|\mathcal{B})$ とおくと，
　(i) 確率変数 Y は $\mathcal{B}$-可測，すなわち $\sigma\{Y\} \subset \mathcal{B}$ で，
　(ii) $E[Y, B] = P(A \cap B),\ B \in \mathcal{B}$.
(2) 逆に上の条件 (i)(ii) を満たす確率変数 Y に対して

$$P(Y = P(A|\mathcal{B})) = 1$$

となる．すなわち，確率 0 の集合を除き Y と $P(A|\mathcal{B})$ は一致する．

$\mathcal{B}$ を加法族，X を確率変数とする．このとき，次の式で定義される確率変数 $E[X|\mathcal{B}]$ を（加法族 $\mathcal{B}$ が与えられたという条件のもとでの確率変数 X の）**条件付き期待値** $E[X|\mathcal{B}]$ という．

$$E[X|\mathcal{B}](\omega) = \sum_{\omega' \in \Omega} X(\omega') P(\{\omega'\}|\mathcal{B})(\omega).$$

条件付き確率の定義より次の式を得る．

$$E[X|\mathcal{B}](\omega) = \begin{cases} \dfrac{E[X, B_i]}{P(B_i)}, & \omega \in B_i,\ P(B_i) \neq 0 \text{ のとき}, \\ 0, & \omega \in B_i,\ P(B_i) = 0 \text{ のとき} \end{cases} \tag{B.4}$$

ただし，$\{B_1,\ldots,B_n\}$ は部分加法族 $\mathcal{B}$ の原子の族である．

次の命題が成立する．

定理 B.1.3 X を確率変数，$\mathcal{B}$ を加法族とする．
(1) $Y = E[X|\mathcal{B}]$ とおくと確率変数 Y は $\mathcal{B}$-可測，すなわち $\sigma\{Y\} \subset \mathcal{B}$ で次

の条件を満たす．
$$E[Y, B] = E[X, B], \qquad B \in \mathcal{B}.$$

(2) 逆に上の 2 条件を満たす確率変数 Y に対して

$$P(Y = E[X|\mathcal{B}]) = 1$$

となる．すなわち，確率 0 の集合を除き Y と $E[X|\mathcal{B}]$ は一致する．

条件付き確率は，条件付き期待値を用いて

$$P(A|\mathcal{B}) = E[\mathbf{1}_A|\mathcal{B}]$$

と表せる．ただし，$\mathbf{1}_A$ は $\omega \in A$ のとき $\mathbf{1}_A(\omega) = 1$, $\omega \in \Omega \setminus A$ のとき $\mathbf{1}_A(\omega) = 0$ で与えられる確率変数である．条件付き期待値は，確率変数を確率変数に移す変換なので，条件付き確率より記法のうえで取扱いやすい．

条件付き期待値については次のことが成立する．

補題 B.1.4 X, Y は確率変数，$\mathcal{B}, \mathcal{G}$ は加法族とする．このとき，以下が成立する．

(1) $E[1|\mathcal{B}] = 1$.
(2) $X \geqq 0$ ならば $E[X|\mathcal{B}] \geqq 0$.
(3) $a, b \in \mathbf{R}$ に対して

$$E[aX + bY|\mathcal{B}] = aE[X|\mathcal{B}] + bE[Y|\mathcal{B}].$$

(4) $\mathcal{B}$ が $\mathcal{B} = \{\emptyset, \Omega\}$ で与えられる部分加法族ならば

$$E[X|\mathcal{B}] = E[X].$$

(5) X が $\mathcal{B}$-可測ならば

$$E[XY|\mathcal{B}] = XE[Y|\mathcal{B}].$$

とくに $E[X|\mathcal{B}] = X$.

(6) $\mathcal{G} \subset \mathcal{B}$ ならば

$$E[E[X|\mathcal{B}]|\mathcal{G}] = E[X|\mathcal{G}].$$

定理 B.1.5　X は確率変数，$\mathcal{B}$ は加法族とする．関数 $\varphi(x)$ が凸関数であるならば，次が成り立つ．

$$E[\varphi(X)|\mathcal{B}] \geqq \varphi(E[X|\mathcal{B}]).$$

ただし，関数 $\varphi(x)$ が**凸関数**であるとは任意の $x, y \in \mathbf{R}$, λ, $0 < \lambda < 1$ に対して

$$\varphi(\lambda x + (1-\lambda)y) \leqq \lambda\varphi(x) + (1-\lambda)\varphi(y)$$

が成立することをいう．

数理ファイナンスでは2つ以上の確率測度を考えることがある．このとき，条件付き期待値を確率測度 P のもとで考えていることをはっきりとさせるため $E^P[\,\cdot\,|\mathcal{B}]$ といった記法を用いる．

定理 B.1.6　P, Q は確率測度で，すべての $\omega \in \Omega$ に対して $P(\{\omega\}) > 0$, $Q(\{\omega\}) > 0$ であるとする．確率変数 ρ を

$$\rho(\omega) = \frac{Q(\{\omega\})}{P(\{\omega\})}, \quad \omega \in \Omega$$

で定める．このとき，任意の部分加法族 $\mathcal{B}$ および確率変数 X に対し

$$E^Q[X|\mathcal{B}] = E^P[\rho|\mathcal{B}]^{-1} E^P[\rho X|\mathcal{B}]$$

が成り立つ．

証明　定理 B.1.3 の条件をチェックする．$B \in \mathcal{B}$ に対して，

$$\begin{aligned}
&E^Q[(E^P[\rho|\mathcal{B}]^{-1} E^P[\rho X|\mathcal{B}]), B] \\
&= E^P[(E^P[\rho|\mathcal{B}]^{-1} E^P[\rho X|\mathcal{B}])\rho, B] \\
&= E^P[(E^P[\rho|\mathcal{B}]^{-1} E^P[\rho X|\mathcal{B}])E^P[\rho|\mathcal{B}], B] \\
&= E^P[E^P[\rho X|\mathcal{B}], B] \\
&= E^P[\rho X, B] \\
&= E^Q[X, B].
\end{aligned}$$

よって，定理を得る．

定理 B.1.6 の確率変数 ρ は，しばしば

$$\frac{dQ}{dP}$$

と表記される．また，部分加法族 $\mathcal{B}$ に対して，$E^P[\rho|\mathcal{B}]$ を

$$\left.\frac{dQ}{dP}\right|_{\mathcal{B}}$$

と記す．確率変数 η が，任意の $A \in \mathcal{B}$ に対して $Q(A) = E^P[\eta \mathbf{1}_A]$ を満たすとき，

$$\left.\frac{dQ}{dP}\right|_{\mathcal{B}} = \eta$$

である．

B.2 マルチンゲール

時間とともに情報の増大していく様子を表すためにフィルトレーション（filtration, 加法族の増大列）を用いる．

$\{\mathcal{F}_k\}_{k=0}^N = \{\mathcal{F}_0, \mathcal{F}_1, \dots, \mathcal{F}_N\}$ が加法族の列であり，

$$\mathcal{F}_0 \subset \mathcal{F}_1 \subset \cdots \subset \mathcal{F}_N$$

を満たすとき，フィルトレーションとよぶ．

定義 B.2.1 $\{\mathcal{F}_k\}_{k=0}^N$ をフィルトレーションとし，$\{X_k\}_{k=0}^N = \{X_0, X_1, \dots, X_N\}$ を確率変数の列とする．

(1) $X_n, n = 0, 1, \dots, N$ が $\mathcal{F}_n$-可測であるとき，$\{X_k\}_{k=0}^N$ は $\{\mathcal{F}_k\}_{k=0}^N$-**適合**であるという．

(2) $X_0 = 0$ で，$X_n, n = 1, \dots, N$ が $\mathcal{F}_{n-1}$-可測であるとき，$\{X_k\}_{k=0}^N$ は $\{\mathcal{F}_k\}_{k=0}^N$-**可予測**であるという．

定義 B.2.2 $\{\mathcal{F}_k\}_{k=0}^N$ をフィルトレーションとし，$\{X_k\}_{k=0}^N = \{X_0, X_1, \dots, X_N\}$ を $\{\mathcal{F}_k\}_{k=0}^N$-適合過程とする．

(1)
$$E[X_n|\mathcal{F}_{n-1}] = X_{n-1}, \qquad n = 1, 2, \dots, N$$

が成り立つとき，$\{X_k\}_{k=0}^N$ は $\{\mathcal{F}_k\}_{k=0}^N$-**マルチンゲール**であるという．

(2)
$$E[X_n|\mathcal{F}_{n-1}] \leqq X_{n-1}, \quad n = 1, 2, \ldots, N$$

が成り立つとき, $\{X_k\}_{k=0}^N$ は $\{\mathcal{F}_k\}_{k=0}^N$-**優マルチンゲール**であるという.

(3)
$$E[X_n|\mathcal{F}_{n-1}] \geqq X_{n-1}, \quad n = 1, 2, \ldots, N$$

が成り立つとき, $\{X_k\}_{k=0}^N$ は $\{\mathcal{F}_k\}_{k=0}^N$-**劣マルチンゲール**であるという.

フィルトレーションが何であるか明らかなときは, 単にマルチンゲール (優マルチンゲール, 劣マルチンゲール) という.

定理 B.2.3 $\{\mathcal{F}_k\}_{k=0}^N$ がフィルトレーションとする.

(1) $\{X_k\}_{k=0}^N$ がマルチンゲールならば

$$E[X_n|\mathcal{F}_m] = X_m, \quad 0 \leqq m \leqq n \leqq N$$

が成り立つ.

(2) 確率変数の列 $\{X_k\}_{k=0}^N$ が

$$E[X_N|\mathcal{F}_n] = X_n, \quad n = 0, 1, \ldots, N$$

を満たすならば, マルチンゲールである.

(3) $\{X_n\}_{n=0}^N, \{Y_n\}_{n=0}^N$ がマルチンゲール, a, b が実数ならば, $\{aX_n + bY_n\}_{n=0}^N$ もマルチンゲールである.

B.3 停止時刻

以下の知識はアメリカンデリバティブをとり扱うために必要な知識であり, 初学者は読み飛ばしてもかまわない.

フィルトレーション $\{\mathcal{F}_n\}_{n=0}^N$ が与えられたとき, τ が $\{\mathcal{F}_n\}_{n=0}^N$-**停止時刻**であるとは,

(1) τ が Ω のうえで定義された $0, 1, \ldots, N$ の値をとる関数であり,

(2) $\{\tau = n\} \in \mathcal{F}_n, \quad n = 0, 1, 2, \ldots, N$

を満たすものをいう.

フィルトレーションとして何を考えているかが明らかなときは $\{\mathcal{F}_n\}_{n=0}^N$-停止時刻を単に**停止時刻**とよぶ.

$\mathcal{F}_n$ を時刻 n までに得た情報を表すものと考え,事象に依存して決まる時刻 τ で行動を停止すると考えると,$\{\tau = n\}$ という条件は,時刻 n で停止するか否かは,時刻 n までの情報から決定できるということを表している.すなわち,停止時刻とは「人間に可能な停止計画」の意味である.

停止時刻は次のような性質をもつ.

補題 B.3.1 フィルトレーション $\{\mathcal{F}_n\}_{n=0}^N$ は与えられているとする.

(1) Ω のうえで定義された $0, 1, \ldots, N$ の値をとる関数 τ が停止時刻であるための必要十分条件は

$$\{\tau \leqq n\} \in \mathcal{F}_n,\ n = 0, 1, \ldots, N$$

となることである.

(2) $\tau \equiv m$ ならば τ は停止時刻である $(m = 0, 1, 2, \ldots, N)$.

(3) τ, σ が停止時刻ならば,$\tau \wedge \sigma, \tau \vee \sigma$ も停止時刻である.ただし,

$$a \wedge b = \min\{a, b\}, \qquad a \vee b = \max\{a, b\}.$$

である.

(4) τ, σ が停止時刻ならば,$\tau + \sigma$ も停止時刻である.

B.4 停止時刻までの情報

$(\Omega, \mathcal{F}, P)$ を確率空間,$\{\mathcal{F}_n\}_{n=0}^N$ をフィルトレーション,τ を停止時刻とする.このとき,部分加法族 $\mathcal{F}_\tau$ を

$$\mathcal{F}_\tau = \{A \in \mathcal{F};\ A \cap \{\tau \leqq n\} \in \mathcal{F}_n,\ n = 0, 1, 2, \ldots, N\}$$

により定義する.$\mathcal{F}_n$ を時刻 n までの情報と考えたとき,$\mathcal{F}_\tau$ は停止時刻 τ までの情報を表すと考えられる.

以下その性質をあげる.

補題 B.4.1 (1) $\tau \equiv n,\ n = 0, 1, 2, \ldots, N$ ならば $\mathcal{F}_\tau = \mathcal{F}_n$ である.

(2) τ が停止時刻ならば，τ は $\mathcal{F}_\tau$-可測である．
(3) τ, σ が停止時刻であり，$A \in \mathcal{F}_\tau$ ならば，$A \cap \{\tau \leqq \sigma\} \in \mathcal{F}_\sigma$ である．
(4) τ, σ が停止時刻であり，$\tau(\omega) \leqq \sigma(\omega)$, $\omega \in \Omega$ ならば，$\mathcal{F}_\tau \subset \mathcal{F}_\sigma$ である．
(5) τ, σ が停止時刻ならば，次が成り立つ．

$$\{\tau \leqq \sigma\},\ \{\tau = \sigma\},\ \{\tau \geqq \sigma\} \in \mathcal{F}_{\tau \wedge \sigma}.$$

B.5 マルチンゲールと停止時刻

$\{X_n\}_{n=0}^N$ を確率変数列，τ を停止時刻とする．このとき新たな確率変数 X_τ を

$$X_\tau(\omega) = X_{\tau(\omega)}(\omega), \quad \omega \in \Omega$$

により定義する．

命題 B.5.1 X_n, $n = 1, 2, \ldots, N$ は確率変数の列，τ は停止時刻で，X_n は $\mathcal{F}_n$-可測であるとする．このとき，確率変数 X_τ は $\mathcal{F}_\tau$-可測である．

証明

$$\{X_\tau = x\} \cap \{\tau \leqq n\} = \bigcup_{k=0}^n \{\tau = k\} \cap \{X_k = x\}$$

で右辺に現れる集合はすべて $\mathcal{F}_n$ に含まれるので主張を得る． ∎

補題 B.5.2 $\{X_n\}_{n=0}^N$ はマルチンゲール，τ は停止時刻であるならば，

$$E[X_N | \mathcal{F}_\tau] = X_\tau.$$

証明 先の命題により X_τ は $\mathcal{F}_\tau$-可測である．よって，

$$E[X_N, A] = E[X_\tau, A], \quad A \in \mathcal{F}_\tau$$

を示せばよい．

$A \in \mathcal{F}_\tau$ とすると，

$$A \cap \{\tau = n\} = (A \cap \{\tau \leqq n\}) \setminus (A \cap \{\tau \leqq n-1\}) \in \mathcal{F}_n, \quad n = 0, 1, \ldots, N$$

である．よって，

$$E[X_N, A] = \sum_{n=0}^{N} E[X_N, A \cap \{\tau = n\}] = \sum_{n=0}^{N} E[E[X_N|\mathcal{F}_n], A \cap \{\tau = n\}]$$
$$= \sum_{n=0}^{N} E[X_n, A \cap \{\tau = n\}] = \sum_{n=0}^{N} E[X_\tau, A \cap \{\tau = n\}] = E[X_\tau, A].$$

よって，主張を得る． ■

定理 B.5.3 $\{X_n\}_{n=0}^{N}$ はマルチンゲール，σ, τ は停止時刻とする．

$$\sigma(\omega) \leqq \tau(\omega), \qquad \omega \in \Omega$$

が成り立つならば，

$$E[X_\tau|\mathcal{F}_\sigma] = X_\sigma$$

が成り立つ．

同様に，$\{X_n\}_{n=0}^{N}$ が優（劣）マルチンゲールの場合は，

$$E[X_\tau|\mathcal{F}_\sigma] \leqq X_\sigma$$
$$(\geqq)$$

が成り立つ．

付録 C 確率解析の基礎

ここでは，第 5 章の 5.1 節で用いる確率解析に関する基礎的な結果をまとめて紹介する．

$(\Omega, \mathcal{F}, P)$ を**確率空間**とする．$[0, \infty) \times \Omega$ 上定義された関数を**確率過程**とよぶ．

$\mathbf{F} = \{\mathcal{F}_t\}_{t \in [0, \infty)}$ が（連続パラメータをもつ）**フィルトレーション** (filtration) であるとは，

(1) $\mathcal{F}_t$, $t \in [0, \infty)$ が部分 σ-加法族であり，

(2) $t \geqq s \geqq 0$ ならば $\mathcal{F}_s \subset \mathcal{F}_t$

となることをいう．以下では $\mathbf{F}$ をフィルトレーションとする．

確率過程 $f : [0, \infty) \times \Omega \to \mathbf{R}$ が $(\mathbf{F}\text{-})$ **発展的可測**であるとは，各 $T \geqq 0$ に対して f の $[0, T] \times \Omega$ への制限が $\mathcal{B}([0, T]) \otimes \mathcal{F}_T$-可測となることをいう．

確率過程 $f : [0, \infty) \times \Omega \to \mathbf{R}$ が $(\mathbf{F}\text{-})$ **単過程**であるとは，$n \geqq 1$, $0 = t_0 < t_1 < \cdots < t_n$, および有界な $\mathcal{F}_{t_{k-1}}$-可測関数 ξ_k, $k = 1, \ldots, n$ が存在して

$$f(t, \omega) = \sum_{k=1}^{n} \mathbf{1}_{[t_{k-1}, t_k)}(t) \xi_k(\omega), \qquad (t, \omega) \in [0, \infty) \times \Omega \tag{C.1}$$

となることをいう．単過程は発展的可測である．

また，確率過程 $f : [0, \infty) \times \Omega \to \mathbf{R}$ が**連続過程**であるとは，すべての $\omega \in \Omega$ に対して $f(\cdot, \omega) \to \mathbf{R}$ が連続となることをいう．

単過程全体を $\mathcal{S}$ で，発展的可測な関数全体を $\mathcal{P}$ で，発展的可測な連続過程全体を $\mathcal{C}$ で表すことにする．このとき，$\mathcal{S}$, $\mathcal{P}$ および $\mathcal{C}$ は線形空間であり，積についても閉じていることが簡単に示せる．

定義 C.1.1   確率過程 $M : [0, \infty) \times \Omega \to \mathbf{R}$ が $(\mathbf{F}\text{-})$ **連続マルチンゲール**で

あるとは,
(1) $M \in \mathcal{C}$ であり,
(2) $E[|M(t)|] < \infty, t \geqq 0$, かつ $t > s > 0$ に対して, 確率 1 で

$$E[M(t)|\mathcal{F}_s] = M(s)$$

となることをいう.

次の定理が成立する.

定理 C.1.2　M が連続マルチンゲールならば, 任意の $p \in (1, \infty)$ および $T > 0$ に対して, 次が成り立つ.

$$E\left[\sup_{t \in [0,T]} |M(t)|^p\right]^{1/p} \leqq \frac{p}{p-1} E[|M(T)|^p]^{1/p}.$$

定義 C.1.3　非負値確率変数 $\tau : \Omega \to [0, \infty]$ が (**F**)-**停止時刻** (stopping time) であるとは, $\{\tau \leqq t\} \in \mathcal{F}_t$ がすべての $t \in [0, \infty)$ に対して成立することをいう.

非負値確率変数 $\tau : \Omega \to [0, \infty]$ が停止時刻であることと $X(t) = \mathbf{1}_{[\tau, \infty)}(t)$ が発展的可測であることは同値である.

定義 C.1.4　(**F**)-停止時刻 τ に対して

$$\mathcal{F}_\tau = \{A \in \mathcal{F};\ \text{すべての } t \in [0, \infty) \text{ に対して } A \cap \{\tau \leqq t\} \in \mathcal{F}_t\}$$

と定義する.

$\mathcal{F}_\tau$ は部分 σ-加法族となる.

定理 C.1.5　σ, τ が停止時刻であれば, $\sigma \wedge \tau, \sigma \vee \tau, \sigma + \tau$ は停止時刻である. さらに, 次が成り立つ.

$$\mathcal{F}_{\sigma \wedge \tau} = \mathcal{F}_\sigma \cap \mathcal{F}_\tau.$$

確率過程 $X : [0, \infty) \times \Omega \to \mathbf{R}$, 停止時刻 τ に対して確率過程 $X^\tau : [0, \infty) \times \Omega \to \mathbf{R}$ を

$$X^\tau(t,\omega) = X(t \wedge \tau(\omega), \omega), \quad t \in [0,\infty),\ \omega \in \Omega$$

により定義する.

定理 C.1.6 τ を停止時刻とする.

(1) 確率過程 $X : [0,\infty) \times \Omega \to \mathbf{R}$ が発展的可測ならば,確率過程 $X^\tau : [0,\infty) \times \Omega \to \mathbf{R}$ も発展的可測である.

(2) M がマルチンゲールならば,M^τ もマルチンゲールである.

定義 C.1.7 $W = \{W(t)\}_{t \in [0,\infty)}$ が d 次元 **F**-ブラウン運動 (Brownian motion) であるとは,

(1) $W(t), t \in [0,\infty)$ は $\mathbf{R}^d$ に値をとる Ω 上定義された $\mathcal{F}_t$-可測関数,
(2) 任意の $t > s \geqq 0$ に対し,$W(t) - W(s)$ は $\mathcal{F}_s$ と独立,
(3) 各 $\omega \in \Omega$ に対して,$W(\cdot, \omega) : [0,\infty) \to \mathbf{R}^d$ は連続,
(4) $t > s \geqq 0$ に対し,$W(t) - W(s)$ の分布は平均 0,分散共分散行列 $(t-s)I_d$ の正規分布

となることをいう.

上記の定義で可測空間 $(\Omega, \mathcal{F})$ 上の確率測度として P を用いていることを強調するために d 次元 **F**-P-ブラウン運動とよぶことがある.ファイナンスではしばしば基礎となる確率測度やフィルトレーションをとり替えるため,このように注意深くよぶ方が無難である.

$W = \{W(t)\}_{t \in [0,\infty)}$ が d 次元 **F**-ブラウン運動であるとき,

$$\mathcal{F}_t^W = \sigma\{W(s);\ s \in [0,t]\}$$

とおくと,$\mathbf{F}^W = \{\mathcal{F}_t^W\}_{t \in [0,\infty)}$ もフィルトレーションとなり,W は d 次元 $\mathbf{F}^W$-ブラウン運動でもある.この $\mathbf{F}^W$ はしばしば (**強**) **ブラウニアンフィルトレーション** (Brownian filtration) とよばれる.

以下では **F** をフィルトレーションとし,W は d 次元 **F**-ブラウン運動とする.

$W(t) = (W^1(t), \ldots, W^d(t))$ の第 i 成分を $W^i(t)$ と表すと $W^i \in \mathcal{C}$,$i = 1, \ldots, d$ であり,連続マルチンゲールとなることもわかる.

各 $i = 1, \ldots, d$ に対して $I_i : \mathcal{S} \to \mathcal{C}$ を

$$I_i(f)(t,\omega) = \sum_{k=1}^{n} \xi_k(\omega)(W^i(t \wedge t_k, \omega) - W^i(t \wedge t_{k-1}, \omega)),$$

$$(t,\omega) \in [0,\infty) \times \Omega, f \in \mathcal{S}$$

により定義する．ただし，$f \in \mathcal{S}$ は (C.1) 式で与えられているものとする．

$I_i(f) \in \mathcal{C}$ であることは容易にわかる．また，$I_i(f)$ は f の表現によらず一意に定まる．

$I_i : \mathcal{S} \to \mathcal{C}$ は線形写像である．さらに次のような事実が成立する．

命題 C.1.8 $i = 1, \ldots, d, f \in \mathcal{S}$ に対して，$I_i(f)$ は連続マルチンゲールであり，

$$E\left[\sup_{t \in [0,T]} |I_i(f)(t)|^2\right] \leqq E[|I_i(f)(T)|^2] = E\left[\int_0^T |f(t)|^2 dt\right], \quad T > 0$$

が成立する．

この命題より次の事実が示せる．

命題 C.1.9 $f_n \in \mathcal{S}, n = 1, 2, \ldots, f \in \mathcal{P}$ とする．また，$i = 1, \ldots, d$ とする．

(1) いま，

$$P\left(\int_0^T |f(t)|^2 dt < \infty\right) = 1, \quad T > 0$$

であり，すべての $T > 0$ に対して

$$\int_0^T |f(t) - f_n(t)|^2 dt \to 0, \quad n \to \infty, \quad \text{確率収束}$$

とする．このとき，$I_i(f) \in \mathcal{C}$ が存在してすべての $T > 0$ に対して

$$\sup_{t \in [0,T]} |I_i(f)(t) - I_i(f_n)(t)| \to 0, \quad n \to \infty, \quad \text{確率収束}$$

となる．

(2) いま，

$$E\left[\int_0^T |f(t)|^2 dt\right] < \infty, \quad T > 0$$

であり，すべての $T > 0$ に対して

$$E\left[\int_0^T |f(t) - f_n(t)|^2 dt\right] \to 0, \qquad n \to \infty$$

とする.このとき,$I_i(f) \in \mathcal{C}$ が存在してすべての $T > 0$ に対して

$$E\left[\sup_{t \in [0,T]} |I_i(f)(t) - I_i(f_n)(t)|^2\right] \to 0, \qquad n \to \infty$$

となる.

$p \in [1, \infty)$ に対して $\mathcal{L}^p_{\text{loc}}$ は次の条件を満たす $f \in \mathcal{P}$ 全体とする.

$$P\left(\int_0^T |f(t)|^p dt < \infty\right) = 1, \qquad T > 0.$$

また,$\mathcal{L}^\infty_{\text{loc}}$ は次の条件を満たす $f \in \mathcal{P}$ 全体とする.

$$P\left(\sup_{t \in [0,T]} |f(t)| < \infty\right) = 1, \qquad T > 0.$$

$\mathcal{L}^p_{\text{loc}}, p \in [1, \infty]$ は線形空間である.また,$\mathcal{C} \subset \mathcal{L}^\infty_{\text{loc}}$ である.
このとき,次が成立する.

命題 C.1.10 任意の $f \in \mathcal{L}^2_{\text{loc}}$ に対して $f_n \in \mathcal{S}, n = 1, 2, \ldots$ で以下の条件をもつものが存在する.すべての $T > 0$ に対して

$$\int_0^T |f(t) - f_n(t)|^2 dt \to 0, \quad n \to \infty, \quad 確率収束.$$

上記の 2 つの命題より次の事実がわかる.

定理 C.1.11 $i = 1, \ldots, d$ とする.$I_i : \mathcal{S} \to \mathcal{C}$ を $I_i : \mathcal{L}^2_{\text{loc}} \to \mathcal{C}$ に拡張することができ,以下を満たす.

(1) $f, g \in \mathcal{L}^2_{\text{loc}}$ であり,確率 1 で $\int_0^\infty |f(t, \omega) - g(t, \omega)|^2 dt = 0$ が成立するならば,確率 1 で $I_i(f)(t, \omega) = I_i(g)(t, \omega), t \in [0, \infty)$ が成立する.

(2) $f, g \in \mathcal{L}^2_{\text{loc}}, a, b \in \mathbf{R}$ ならば,確率 1 で

$$I_i(af + bg)(t, \omega) = aI_i(f)(t, \omega) + bI_i(g)(t, \omega), \qquad t \in [0, \infty)$$

が成立する.

(3) $f_n \in \mathcal{L}^2_{\mathrm{loc}}, n = 1, 2, \ldots$ であり，すべての $T > 0$ に対して

$$\int_0^T |f_n(t)|^2 dt \to 0, \quad n \to \infty, \quad 確率収束$$

であるならば，すべての $T > 0$ に対して

$$\sup_{t \in [0,T]} |I_i(f_n)(t)| \to 0, \quad n \to \infty, \quad 確率収束$$

となる．

また，次の事実が成立する．

定理 C.1.12 (1) $p \in [0, \infty)$ に対して，ある定数 C_p が存在して，次が成り立つ．

$$E\left[\sup_{t \in [0,T]} |I_i(f)(t)|^p\right]^{1/p} \leqq C_p E\left[(\int_0^T f(s)^2 ds)^{p/2}\right]^{1/p}, \quad f \in \mathcal{L}^2_{\mathrm{loc}}, T > 0.$$

(2) $f \in \mathcal{L}^2_{\mathrm{loc}}$ が $E\left[\int_0^T f(s)^2 ds\right] < \infty, T > 0$ を満たすならば，$I_i(f)$ は連続マルチンゲールである．とくに，$E[I_i(f)(t)] = 0$ である．

$f \in \mathcal{L}^2_{\mathrm{loc}}, i = 1, \ldots, d$ に対して $I_i(f)$ を $(f \circ W^i)$ と記したり

$$I_i(f)(t) = \int_0^t f(s) dW^i(s)$$

と記したりし，**確率積分**とよぶ．

ファイナンスでは次のような概念がしばしば用いられる．

定義 C.1.13 $X \in \mathcal{C}$ が**伊藤過程**とは，$\mathcal{F}_0$-可測確率変数 $\eta, f_0 \in \mathcal{L}^1_{\mathrm{loc}}$, $f_i \in \mathcal{L}^2_{\mathrm{loc}}, i = 1, \ldots, d$ が存在して，任意の $t \in [0, \infty)$ に対して確率 1 で

$$X(t) = \eta + \int_0^t f_0(s) ds + \sum_{i=1}^d \int_0^t f(s) dW^i(s) \tag{C.2}$$

と表せることをいう．

伊藤過程 X が与えられたとき (C.2) 式による表現は確率 1 で一意に決まる．

X, Y を伊藤過程とし，$\mathcal{F}_0$-可測確率変数 η, ξ $f_0, g_0 \in \mathcal{L}^1_{\mathrm{loc}}, f_i, g_i \in \mathcal{L}^2_{\mathrm{loc}}$, $i = 1, \ldots, d$ とし，

$$X(t) = \eta + \int_0^t f_0(s)ds + \sum_{i=1}^d \int_0^t f_i(s)dW^i(s),$$

$$Y(t) = \xi + \int_0^t g_0(s)ds + \sum_{i=1}^d \int_0^t g_i(s)dW^i(s)$$

と表されているものとする．このとき，確率過程 $\langle X, Y \rangle$ を

$$\langle X, Y \rangle(t) = \sum_{i=1}^d \int_0^t f_i(s)g_i(s)ds$$

により定義する．$f_i, g_i \in \mathcal{L}_{\text{loc}}^2$ であるので $f_i g_i \in \mathcal{L}_{\text{loc}}^1$ となり，$\langle X, Y \rangle$ も伊藤過程となる．

伊藤過程 X および $g \in \mathcal{L}_{\text{loc}}^\infty$ に対して確率積分 $g \cdot X$ を

$$(g \cdot X)(t) = \int_0^t g(s)dX(s)$$
$$= \int_0^t g(s)f_0(s)ds + \sum_{i=1}^d \int_0^t g(s)f_i(s)dW^i(s), \quad t \geqq 0$$

で定める．ここで，X は (C.2) 式で与えられているものとする．$g \circ X$ も伊藤過程となる．

以上の準備のもとで**伊藤の補題**を述べることが可能となる．

定理 C.1.14 $n \geqq 1$, $X_1, \ldots, X_n$ は伊藤過程，$F: \mathbf{R}^n \to \mathbf{R}$ は C^2 級関数とする．このとき，以下が成立する．

$$f(X_1(t), \ldots, X_n(t))$$
$$= f(X_1(0), \ldots, X_n(0)) + \sum_{i=1}^n \int_0^t \frac{\partial f}{\partial x^i}(X_1(s), \ldots, X_n(s))dX_i(s)$$
$$+ \sum_{i,j=1}^n \int_0^t \frac{\partial^2 f}{\partial x^i \partial x^j}(X_1(s), \ldots, X_n(s))d\langle X_i, X_j \rangle(s), \quad t \geqq 0.$$

とくに，$f(X_1, \ldots, X_n)$ も伊藤過程となる．

最後に**確率微分方程式**について述べる．確率微分方程式の定義にはさまざまな定義があるがファイナンスについて都合がよいのは以下の定義である．

$(\Omega, \mathcal{F}, P)$ を確率空間，$\mathbf{F}$ をフィルトレーションとし，W は d 次元 $\mathbf{F}$-ブラ

ウン運動とする．$\mathbf{R}^N$ を状態空間とする確率微分方程式を考える．

$\sigma_i : [0, \infty) \times \mathbf{R}^N \times \Omega \to \mathbf{R}^N, i = 0, 1, \ldots, d$ および $Y : \Omega \to \mathbf{R}^N$ は以下の条件を満たすとする．

(i) 各 $T \geqq 0$ に対して σ_i の $[0, T] \times \mathbf{R}^N \times \Omega$ への制限が $\mathcal{B}([0, T]) \otimes \mathcal{B}(\mathbf{R}^N) \otimes \mathcal{F}_T$-可測となる．

(ii) $Y : \Omega \to \mathbf{R}^N$ は $\mathcal{F}_0$-可測な $\mathbf{R}^N$-値確率変数である．

このとき，X が確率微分方程式

$$dX_t = \sum_{k=1}^d \sigma_k(t, X_t) dW^k(t) + \sigma_0(t, X_t) dt, \qquad X_0 = Y \qquad \text{(C.3)}$$

の解であるとは次を満たすことをいう．

(1) $X : [0, \infty) \times \Omega \to \mathbf{R}^N$ は発展的可測で，その成分 $X^i, i = 1, \ldots, N$ は伊藤過程 $(X(t) = (X^1(t), \ldots, X^N(t)))$ である．

(2) $\{\sigma_k^i(t, X(t)); t \geqq 0\}$, $k = 1, \ldots, d$, $i = 1, \ldots, N$ は $\mathcal{L}_{\mathrm{loc}}^2$ に属し，$\{\sigma_0^i(t, X(t)); t \geqq 0\}, i = 1, \ldots, N$ は $\mathcal{L}_{\mathrm{loc}}^1$ に属する．

(3) 各 $i = 1, \ldots, N$ に対して，次が成り立つ．

$$X^i(t) = Y^i + \sum_{k=1}^d \int_0^t \sigma_k^i(s, X(s)) dW^k(s) + \int_0^t \sigma_0^i(s, X(s)) ds.$$

確率微分方程式の解がいつ存在するのか，一意性が成り立つかといった問題はきわめて複雑でいまだよくわからないことも多い．

さまざまな結果が知られているが，たとえば以下のことが成立する．

定理 C.1.15 $\sigma_i : [0, \infty) \times \mathbf{R}^N \times \Omega \to \mathbf{R}^N, i = 0, 1, \ldots, d$ および $Y : \Omega \to \mathbf{R}^N$ は条件 (i)(ii) を満たし，さらに以下の条件を満たすとする．

（ア）各 $T > 0$ に対して定数 $C > 0$ が存在して，

$$|\sigma_i(t, x, \omega) - \sigma_i(t, y, \omega)| \leqq C|x - y|, \qquad x, y \in \mathbf{R}^N, t \in [0, T], \omega \in \Omega.$$

（イ）$T > 0$ に対して，確率 1 で，

$$\int_0^T |\sigma_0(t, 0, \omega)| dt + \sum_{i=1}^d \int_0^T |\sigma_i(t, 0, \omega)|^2 dt < \infty$$

であると仮定する．このとき，確率微分方程式 (C.3) の解が存在する．

さらに $X : [0,\infty) \times \Omega \to \mathbf{R}^N$ および $\tilde{X} : [0,\infty) \times \Omega \to \mathbf{R}^N$ が確率微分方程式 (C.3) の解であれば，次が成り立つ．

$$P(X(t) = \tilde{X}(t),\ t \geqq 0) = 1.$$

$N = 1$ であり $\sigma_i(t, x, \omega),\ i = 0, 1, \ldots, d$ が ω に依存しない場合は以下の結果が知られている．

定理 C.1.16 $\sigma_i : [0,\infty) \times \mathbf{R} \to \mathbf{R},\ i = 0, 1, \ldots, d$ は可測関数，$Y : \Omega \to \mathbf{R}$ は $\mathcal{F}_0$-可測であり，さらに以下の条件を満たすとする．

（ア）各 $T > 0$ に対して定数 $C > 0$ が存在して，

$$|\sigma_0(t, x) - \sigma_0(t, y)| \leqq C|x - y|, \qquad x, y \in \mathbf{R},\ t \in [0, T],$$

$$|\sigma_i(t, x) - \sigma_i(t, y)| \leqq C|x - y|^{1/2}, \qquad i = 1, \ldots, d,\ x, y \in \mathbf{R},\ t \in [0, T].$$

（イ）$T > 0$ に対して，次が成り立つ．

$$\int_0^T |\sigma_0(t, 0)| dt + \sum_{i=1}^d \int_0^T |\sigma_i(t, 0)|^2 dt < \infty.$$

このとき，確率微分方程式 (C.3) の解が存在する．

さらに $X : [0,\infty) \times \Omega \to \mathbf{R}^N$ および $\tilde{X} : [0,\infty) \times \Omega \to \mathbf{R}^N$ が確率微分方程式 (C.3) の解であれば，次が成り立つ．

$$P(X(t) = \tilde{X}(t),\ t \geqq 0) = 1.$$

$\mathcal{F}_t^W = \sigma\{W(s);\ s \in [0,t]\}$ であり，$\mathbf{F}^W = \{\mathcal{F}_t^W\}_{t \in [0,\infty)}$ もフィルトレーションとなることを思い出そう．

伊藤の表現定理とよばれる以下の定理が成立する．

定理 C.1.17 $T > 0$ とし，X は $\mathcal{F}_T^W$-可測な可積分確率変数とする．このとき，$\mathbf{F}^W$-発展可測な $f_i \in \mathcal{L}_{\mathrm{loc}}^2,\ i = 1, \ldots, d$ が存在して，次が成り立つ．

$$E[X|\mathcal{F}_t^W] = E[X] + \sum_{i=1}^d \int_0^t f_i(r) dW^i(r), \qquad t \in [0, T].$$

とくに，$E[X^2] < \infty$ ならば

$$\sum_{i=1}^{d} E\left[\int_0^T f_i(t)^2 dt\right] < \infty$$

であり，かつ

$$X = E[X] + \sum_{i=1}^{d} \int_0^T f_i(t) dW^i(t)$$

が成立する．

$\xi_i \in \mathcal{L}_{\mathrm{loc}}^2, i=1,\ldots,d$ とする．$T>0$ として伊藤過程 ρ を

$$\rho_t = \exp\left(\sum_{i=1}^{d} \int_0^{t\wedge T} \xi_i(r) dW^i(r) - \frac{1}{2}\sum_{i=1}^{d} \int_0^{t\wedge T} \xi_i(r)^2 dr\right) \quad \text{(C.4)}$$

により定義する．伊藤の公式より

$$\rho_t = \sum_{i=1}^{d} \int_0^{t\wedge T} \xi_i(r) \rho_r dW^i(r)$$

となる．一般に $E[\rho_T] \leqq 1$ であることが知られているが，とくに，$E[\rho_T]=1$ のとき，$(\Omega, \mathcal{F})$ 上の確率測度 Q を

$$Q(A) = E[\rho_T, A], \qquad A \in \mathcal{F} \quad \text{(C.5)}$$

により定義することができる．

このとき，次が成立する．

定理 C.1.18 $E[\rho_T]=1$ と仮定する．このとき

$$\tilde{W}^i(t) = W^i(t) - \int_0^{t\wedge T} \xi_i(r) dr, \qquad t \geqq 0,\ i=1,\ldots,d \quad \text{(C.6)}$$

で定義すると d 次元確率過程 $\tilde{W}(t) = (\tilde{W}^1(t),\ldots,\tilde{W}^d(t))$ は d 次元 **F**-Q-ブラウン運動となる．

上記の定理はしばしば（**Cameron-Martin-丸山-**）**Girsanov の定理**とよばれる．

いま，とくに $\xi_i, i=1,\ldots,d$ が $\mathbf{F}^W$-発展的可測であるとする．このとき，上記の定理で与えた $\tilde{W}(t)$ は $\mathbf{F}_t^W$-可測となるが必ずしも $\mathbf{F}_t^W = \sigma\{\tilde{W}(s);\ s \in [0,t]\}$ は成立しない．そのため，伊藤の表現定理はそのままでは使えないが，以下の定理が成立する．

定理 C.1.19 $T>0, \xi_i, i=1,\ldots,d$ が $\mathbf{F}^W$-発展的可測かつ $\xi_i \in \mathcal{L}^2_{\mathrm{loc}}$ と仮定する．確率過程 ρ を (C.4) 式で定める．$E[\rho_T]=1$ と仮定する．さらに d 次元確率過程 $\tilde{W}$ を (C.6) 式で定める．X は $\mathcal{F}^W_T$-可測な Q-可積分確率変数とする．このとき，$\mathbf{F}^W$-発展可測な $f_i \in \mathcal{L}^2_{\mathrm{loc}}, i=1,\ldots,d$ が存在して，次が成り立つ．

$$E^Q[X|\mathcal{F}^W_t] = E^Q[X] + \sum_{i=1}^d \int_0^t f_i(r)d\tilde{W}^i(r), \qquad t \in [0,T].$$

とくに，$E^Q[X^2] < \infty$ ならば

$$\sum_{i=1}^d E^Q\left[\int_0^T f_i(t)^2 dt\right] < \infty$$

であり，かつ

$$X = E^Q[X] + \sum_{i=1}^d \int_0^T f_i(t)d\tilde{W}^i(t)$$

が成立する．

確率測度 Q からみると，フィルトレーション $\mathbf{F}^W$ に対して $\mathcal{F}^W_t = \sigma\{\hat{W}(s);\ s \in [0,t]\}, t \geqq 0$ を満たす Q-ブラウン運動 $\hat{W}(t)$ は存在するかどうかはわからない（実は一般には存在しないことが知られている）．にもかかわらず確率積分による表現定理が上記のように成立する．このようなとき，フィルトレーション $\mathbf{F}^W$ を確率測度 Q のもとでの**弱ブラウニアンフィルトレーション** (weakly Brownian filtration) とよぶ．

参考文献

[1] Ansel, J.P. and Stricker, C., Couverture des actifs contingents et prix maximum. *Ann. Inst. H. Poincaré* **30** (1994), 303–315.

[2] Baxter, M. and Rennie, A., *Financial Calculus*. Oxford University Press (1996).

[3] Davis, M.A.H. et al. (eds.), *Mathematical Finance*. IMA vol.65, Springer (1995).

[4] Delbaen, F. and Schachermayer, W., A general version of the fundamental theorem of asset pricing. *Mathematische Annalen* **300** (1994), 463–520.

[5] Delbaen, F. and Schachermayer, W., The no-arbitrage property under a change of numéraire. *Stachastics and Stoch. Reports* **53** (1995), 213–226.

[6] Dubins, L., Feldman, J., Smorodinsky, M. and Tsirelson, B., Decreasing sequences of σ-fields and a measure change for Brownian motion. *Annals of Probability* **24** (1996), 882–904.

[7] Duffie, D., *Dynamic Asset Pricing Theory*, 2nd ed., Princeton University Press (1996).

[8] Dupire, B., Pricing with a smile. *Risk* **9** (3) (1994), 18–20.

[9] Émery, M. and Schachermayer, W., A remark on Tsirelson's stochastic differential equations. *Séminaire de Probabilités XXXIII*, LNM vol.1709, Springer (1999), pp. 291–303.

[10] Föllmer, H. and Kabanov, Yu.M., Optional decomposition and Lagrange multipliers. *Finance and Stochastics* **2** (1998), 69–81.

[11] Föllmer, H. and Leuker, P., Quantile hedging. *Finance and Stochastics* **3** (1999), 251–273.

[12] Föllmer, H. and Leuker, P., Efficient hedging: Cost versus shortfall risk. *Finance and Stochastics* **4** (2000), 117–146.

[13] Föllmer, H. and Schweizer, M., Hedging of contingent claims under incomplete information. In Davis, M.H.A. and Elliot, R.J. (eds.), *Applied Stochastic Analysis, Stochastics Monographs* **5**, Gordon and Breach (1994), 380–414.

[14] Hagan, P.S. et al., Managing smile risk. *Wilmott Magazine* Aug 22 (2002), 84–108.

[15] Ho, T.S.Y. and Lee, S.-B., Term structure movements and the pricing of interest rate contingent dlaims. *The Joulnal of Finance* **41** (1986), 1011–1029.

[16] Karatzas, I., *Lectures on the Mathematics of Finance*. CRM Monograph Se-

ries vol. 8, American Mathematical Society (1997).
[17] Kramkov, D.O., Optional decomposition of supermartingales and hedging contingent claims in incomplete security markets. *Probab. Theory Relat. Fields* **105** (1996), 459–479.
[18] Lamberton, D. and Lapeyre, B., *Introduction to Stochastic Calculus Applied to Finance*. Chapman and Hall (1996).
[19] Musiela, M. and Rutkowski, M., *Martingale Methods in Financial Modelling*. Applications of Mathematics vol.36, Springer (1997).
[20] Protter, P., *Stochastic Integration and Differential Equations*. 2nd ed., Springer-Verlag (2004).
[21] Shreve, S.E., *Stochastic Calculus for Finance* I, II. Springer (2000).
[22] Shiryaev, A.N., *Essentials of Stochastic Finance*. World Scientific (1999).
[23] Tsirelson, B., An example of the stochastic equation having no strong solution. *Teoria Verojatn. i Primenen.* **20** (1975), 427–430.
[24] Tsirelson, B., Triple points: from non-Brownian filtrations to harmonic measures. *GAFA Geometric and Functional Analysis, Birkhäuser* **7** (1997), 1096–1142.
[25] 楠岡成雄『岩波講座応用数学 確率と確率過程』, 岩波書店 (1993).
[26] 長井英生『確率微分方程式』, 共立出版 (1999).
[27] 関根順『数理ファイナンス』, 培風館 (2007).

索引

ABC

$\mathcal{B}$-可測　158
CDS　12
ELMM　144
EMM　31
(Cameron-Martin-丸山-) Girsanov の定理　176
Kramkov の定理　92
LIBOR　3
NFLVR　144

ア　行

アウトオブザマネー　10
アットザマネーオプション　9
アメリカン　8
　――デリバティブ　64, 146
伊藤過程　172
伊藤の表現定理　124, 175
伊藤の補題　173
イールドカーブ　2
インザマネー　10
インターバンク市場　1
インプライドボラティリティ　127
エキゾチック　11
オプション　8
　――価格　9
オープン市場　1

カ　行

確率過程　167
確率空間　24, 155, 167
確率積分　172
確率測度　155
確率微分方程式　173
確率分布　156
確率変数　156

確率ボラティリティモデル　130
株式　5
加法族　157
可予測　162
為替レート　6
完備　32
　――でない　21
ガンマニュートラルヘッジ　134
議決権　5
期待値（平均）　156
キャッシュフロー　28
許容的　144
金融市場　1
金利　2
　――スワップ　4
クーポン　6
現在価値　29
原子の族　158
行使価格　8
国債　6
固定金利　4
コールオプション　8
根元事象　155

サ　行

裁定機会をもつ　28
裁定取引　28
先物　7
先渡し　7, 72
　――価格　7, 72
仕組み債　11
自己充足的　30, 143
市場のモデル　24, 27
市場ボラティリティ　127
資本市場　1
弱ブラウニアンフィルトレーション　177
社債　7

条件付き確率　158, 159
条件付き期待値　159
条件付き請求権　18
状態価格デフレーター　29
情報　157
将来価値　29
ショールズ　iii
数理ファイナンス　iii
スプレッド　4
スワップレート　5
セラー　9
相対取引　1

タ　行

タイムホライズン　25
単過程　167
短期金融市場　1
地方債　7
長期金融市場　1
停止時刻　163, 164, 168
適合　162
デフォルト　11
デフレーター　29, 140
デリバティブ　iii, 11
デルタ　20
店頭取引　1
同値マルチンゲール測度　31
凸関数　161
凸集合　150
取引所取引　1
取引戦略　26

ナ　行

日経平均株価指数　5
ニュメレール　18, 30
値洗い　8

ハ　行

配当　5, 25
　──落ち　5
　──落ち価格　25
バイヤー　9
派生証券　iii
発展的可測　167
バミューダン　8

ヒストリカルボラティリティ　126
ファイナンスの第 1 基本定理　30, 49
ファイナンスの第 2 基本定理　32
（連続パラメータをもつ）フィルトレーション　167
フィルトレーション　24, 162
プットオプション　8
（強）ブラウニアンフィルトレーション　169
ブラウン運動　169
ブラック　iii
　──–ショールズモデル　115
プレミアム　9
プレーンバニラ　11
閉　150
ヘッジする（アメリカンデリバティブとして）　86
ヘッジする（ヨーロピアンデリバティブとして）　81
変動金利　4
ポートフォリオ戦略　27
ボラティリティ　116
ホルダー　9

マ　行

マーコヴィッツ　iii
マートン　125
マネーマーケット　1
　──アカウント　3
マルチンゲール　22, 162
満期日　8
無裁定　12, 28
　──価格　60
モデルキャリブレーション　127

ヤ　行

有価証券　24
優複製費用　82, 86
優マルチンゲール　163
ユークリッド空間　149
ヨーロピアン　8
　──デリバティブ　60, 146

ラ　行

ライター　9
利付国債　6

累積実質配当過程　137
累積配当過程　136
劣マルチンゲール　163
連続過程　167
連続時間モデルの基本定理　145

(F-) 連続マルチンゲール　167
ローカルボラティリティモデル　130

ワ　行

割引国債　6
割り引く　29

著者略歴

楠岡成雄（くすおか・しげお）
1954年　生まれる．
　　　　東京大学大学院理学系研究科数学専攻修士課程修了．
現　在　東京大学大学院数理科学研究科教授．
　　　　理学博士．
主要著書　『確率と確率過程』（岩波書店，2007）．

長山いづみ（ながやま・いづみ）
1961年　生まれる．
　　　　東京大学大学院数理科学研究科博士課程修了．
　　　　富士通株式会社，東京三菱銀行，一橋大学大学院国際企業
　　　　戦略研究科准教授，三菱東京UFJ銀行勤務などを経て，
現　在　三菱UFJファイナンシャルグループ勤務，
　　　　東京大学大学院数理科学研究科客員教授．
　　　　博士（数理科学）．
主要訳書　『ファイナンスのための確率解析』（共訳，丸善出版，2012）．

数理ファイナンス　　　　　　　　　　　　大学数学の世界②
　　　　　　2015年2月20日　初　版

　　　　　　　　　[検印廃止]

著　者　楠岡成雄・長山いづみ
発行所　一般財団法人 東京大学出版会
　　　　代表者 古田元夫
　　　　153-0041 東京都目黒区駒場 4-5-29
　　　　電話 03-6407-1069　　Fax 03-6407-1991
　　　　振替 00160-6-59964
印刷所　三美印刷株式会社
製本所　牧製本印刷株式会社

©2015 Shigeo Kusuoka and Izumi Nagayama
ISBN 978-4-13-062972-0 Printed in Japan

JCOPY 〈（社）出版者著作権管理機構 委託出版物〉
本書の無断複写は著作権法上での例外を除き禁じられています．複写される場合は，そのつど事前に，（社）出版者著作権管理機構（電話 03-3513-6969, FAX 03-3513-6979, e-mail: info@jcopy.or.jp）の許諾を得てください．

大学数学の世界 1 微分幾何学	今野 宏	A5/3600 円
生命保険数学の基礎 [第 2 版] アクチュアリー数学入門	山内恒人	A5/3700 円
大学数学の入門 1 代数学 I　群と環	桂 利行	A5/1600 円
大学数学の入門 2 代数学 II　環上の加群	桂 利行	A5/2400 円
大学数学の入門 3 代数学 III　体とガロア理論	桂 利行	A5/2400 円
大学数学の入門 4 幾何学 I　多様体入門	坪井 俊	A5/2600 円
大学数学の入門 6 幾何学 III　微分形式	坪井 俊	A5/2600 円
大学数学の入門 7 線形代数の世界　抽象数学の入り口	斎藤 毅	A5/2800 円
大学数学の入門 8 集合と位相	斎藤 毅	A5/2800 円
大学数学の入門 9 数値解析入門	齊藤宣一	A5/3000 円

ここに表示された価格は本体価格です．御購入の際には消費税が加算されますので御了承下さい．